总主编◎陈龙   副总主编◎项建华

21世纪高等院校动画专业实训教材

国家精品课程配套教材

无纸动画实训

主编◎项建华   副主编◎李峰 肖扬 王乾

U0390332

中国人民大学出版社

·北京·

丛书编委会

总主编

陈 龙

副总主编

项建华

编 委

(以姓氏笔画为序)

王 冬　王玉军　王丛明　王晓婷　孔庆康　孔素然　史 韬

边道芳　朱丽莉　朱建华　任小飞　刘 莹　刘 骏　刘均星

刘晓峰　孙 荟　孙金山　杜坚敏　杨 恒　杨 雪　杨平均

芮顺淦　李 克　李 峰　李智修　肖 扬　吴 扬　吴介亚

吴伟峰　吴建丹　何加健　张 超　张 赛　张苏中　张宏波

张晓宁　陆天奕　林世仁　周 侟　於天恩　赵丁丁　修瑞云

徐厚华　殷均平　容旺乔　黄 莺　黄 寅　曹光宇　盛 萍

韩美英　程 粟　傅立新　廉亚威

总　序

进入21世纪以来，信息技术突飞猛进，知识经济高速发展，人类社会呈现出数字化、网络化、信息化的特征。如今，经济全球化与文化多元化已成为不可阻挡的历史潮流，并且带来了跨文化传播在全球的迅速兴起。动画艺术作为当今文化产业领域最重要、最流行的艺术形式，正逐渐成为文化消费的主流形式，在文化传播中拥有相当广泛的受众群体。

随着广播影视事业在全国的迅速发展，社会对动画创作人才的需求也越来越大。近年来，我国广播影视类专业高等教育取得了长足发展，为广播影视系统输送了大量的人才。随着动漫游戏产业的迅猛发展，社会对动画制作类人才提出了更高的要求。因此，进一步深化人才培养模式、课程体系和教学内容的改革，提高办学质量，培养更多适应新世纪需要的具有创新能力的动画专业人才，是广播影视类专业高等教育的当务之急。

新的形势要求教材建设适应新的教学要求，作为动画专业教育的重要环节，教材建设身负重任。本套教材针对高等学校，特别是高职高专学生的自身特点，按照国家高等教育的特点和人才培养目标，以素质教育、创新教育为基础，以适应高职高专课程改革为出发点，以学生能力培养、技能实训为本位，使教材内容和职业资格认证培训内容有机衔接，全面构建适应21世纪人才培养需求的高等学校动画专业教材体系。

教育部高等学校广播影视类专业教学指导委员会组织编写的"十一五"规划教材，已经在广播影视类专业系列教材的改革方面做了大量的工作，并取得了一定的成绩。相信这套由中国人民大学出版社组织编写的"21世纪高等院校动画专业实训教材"的出版，必将对高等院校动画专业的人才培养和教学改革工作起到积极的推动作用。

教育部高等学校广播影视类专业教学指导委员会主任委员

王建国 **教授**

前　言

PREFACE

　　什么是无纸动画？无纸动画是相对传统二维纸面动画制作方式而言的数字化二维动画创作方式，主要使用专业动画软件在计算机上完成大部分制作环节的动画作品。无纸动画的创作方式与传统的纸上绘画具有很强的相似性，很多习惯于采用传统动画制作模式的动画师经过学习可以很容易地转换为采用无纸动画制作模式进行创作。无纸动画按技术形态主要可分为Harmony、RETAS!PRO HD和Flash三大类别，其中以Harmony为代表的无纸动画以其强大的制作功能和管理功能，可协助动画师制作出更高质量的数字动画作品。

　　进入21世纪以来，无纸动画凭借成本低、操作简便、品质高、生产周期短、工作效率高等优点，正逐步在动画行业内得到广泛应用。目前许多大型动画公司已经普遍接受和采用了无纸动画创作流程，中国中央电视台、北京迪生动画科技有限公司及深圳翡翠动画设计公司等多个大型动画制作单位都在使用无纸动画技术制作二维动画，使用无纸动画技术制作二维动画已成为二维动画创作领域的新趋势。

　　本教材以企业实际项目为载体，以任务为驱动，通过多个项目制作和练习，使学生能使用无纸动画方式制作短片。每个任务单元结束后，安排了相关实践技能练习题以强化学生的实际动手能力；有的内容后设有"提示"，主要针对相关重点和难点进行专业分析与提醒，介绍相关拓展知识点，尽量做到在实施技能训练的同时培养学生的综合素养。

　　教材适用于普通高等学校动画专业的学生，还适用于广大的无纸动画爱好者。其中，Harmony模块的学习时间建议为120课时，RETAS!PRO HD模块的学习时间建议为80课时（见表1）。在学习本教材前，学生需要掌握动画基础知识，如动画运动规律、原画设计、设计稿及场景设计，同时对动画镜头要有一定的了解，这样更有利于学习该课程，也为以后从事创作打好基础。

　　本教材由常州纺织服装职业技术学院和北京迪生动画科技有限公司合作编写。常州纺织服装职业技术学院影视动画专业是教育部重点支持的专业，学院承建了国家数字影视动漫实训基地，该基地在2009年成为文化部二维无纸动画公共技术服务平台中的人才教育培训平台。学校在无纸动画的教育培训和技术应用方面率先进行了深入的探索和实践，将无纸动画技术结合高等职业教育的特点进行了系统的课程设计，并取得了一定的教学经验，使"无纸动画"课程在2010年被教育部评定为国家精品课程。

北京迪生动画科技有限公司作为国内无纸动画技术研发、动画教育研究及动画片制作的综合性大型动画公司，一直致力于打造"中国数字动画第一品牌"。2007年，北京迪生动画科技有限公司与国际动画巨头NELVANA合作，在科技部"国家数字媒体技术产业化（北京）基地"设立无纸动画外包示范中心，培训和示范国际无纸动画生产的最新流水线技术，中心除了自行完成欧美的动画外包任务外，也成为众多准备采用无纸动画技术进行产能提升的动画公司的标杆和榜样；2008—2009年，北京迪生动画科技有限公司完成了《春天的狂想》、小海龟"悠仔"系列、小狐狸"Q仔"系列、小螃蟹"闹闹"系列、《麻辣少年》、《Rekkit》、《三岔口》和《蜗牛一家亲》等多部无纸动画片；2010年，公司承接了法国影院片《Santa》的制作，此片在欧洲影院上映后大受好评；此后，公司又与中国中央电视台合作制作了《萌萌的晴天》，与美国合作制作了《FWB》，与澳大利亚合作制作了《Woodlie》；2011年，公司采用无纸动画技术完成了《小绿豆》、《巴宝特帮》、《麦田神书》等无纸动画片的制作。经过20多年的探索和积累，北京迪生动画科技有限公司不断推动动画科技创新，以雄厚的技术实力和丰富的专业经验引领中国动画产业的发展，推动了中国动画国际地位的提升。

常州纺织服装职业技术学院无纸动画国家精品课程网站（http://jpkc.cztgi.cn/wzdh）上配有本教材的相关视频教程，以简单项目、仿真项目和实际项目演练贯穿无纸动画的理论教学，通过教师边说边练的方式可让学生容易看懂并快速学会无纸动画的制作技巧，效果直观，降低了沟通成本，提高了学习效率。同时，北京迪生动画科技有限公司也建立了无纸动画论坛（http://bbs.disontech.com.cn），为广大动画从业人士及动画爱好者提供专业的网上交流平台和动画资源库。

本书中，Harmony模块由肖扬、李峰编写，RETAS!PRO HD模块由王乾编写，全书由项建华负责统稿。在编写过程中，江阴优卡通动漫科技有限公司给予了大力支持，在此表示感谢。由于无纸动画是一门新技术，书中所选用部分项目或案例难免有不成熟之处，有的还稍显简单，希望各位读者能多提宝贵意见和改进建议。

表1   **本书主要学习项目及参考课时表**

模 块	项 目	任 务	建议课时	工作概要
无纸动画Harmony模块	项目1 无纸动画基础认知	1. 二维动画和无纸动画的发展概况 2. 二维无纸动画的类别与特点	2	理解无纸动画的概念，了解无纸动画的范围及发展趋势。
	项目2 基础篇——摇头的小花	1. 创建场景 2. 绘制一朵粗略的郁金香 3. 给郁金香清线 4. 使用圆滑处理 5. 使用轮廓编辑器 6. 绘制郁金香的各个部分 7. 使用洋葱皮 8. 绘制原画 9. 预演动画 10. 给运动调整时间 11. 给原画重命名 12. 安排动画 13. 绘制动画 14. 给动画清线	10	学习Harmony的绘画工具和工作流程，在场景中绘制一个物体，并作动画设计。
	项目3 进阶篇——蝙蝠飞舞	1. 准备素材 2. 绘画元素层 3. 导入外部画稿 4. 画稿矢量化 5. 设置律表	20	学习将从纸面上扫描输入的画稿导入Harmony，对其进行矢量化，并组织成一段一拍二的动画的操作流程。
	项目4 中级篇——逃跑的贝贝	1. 创建项目 2. 绘图准备 3. 绘制草图 4. 绘制动画 5. 清稿描线 6. 画稿上色及修整 7. 添加定位钉 8. 场景制作 9. 渲染输出	20	使用Harmony完成一段完整的动画，熟悉Harmony工具的使用、基本流程和特效制作。
	项目5 高级篇——小猫走路	1. 进行背景绘制 2. 建立模板 3. 角色绘制及整合 4. 场景设置 5. 为角色添加特效 6. 为角色添加动画 7. 动画测试渲染与最终输出	30	通过学习角色动画拆分方法、角色动画拆分规则和技巧、关节动画设定、自动关节粘合，深入学习应用Harmony制作复杂的切分动画的方法。
	项目6 综合篇——机械手臂	1. 绘制素材 2. 设置素材轴心点 3. 定位钉链接 4. 场景设置 5. 运用反向动力学 6. 创建IK动画 7. 设定旋转约束 8. IK关键帧约束 9. 完善场景 10. 设置移镜头动画	38	通过一台挖掘机在角色的操控下行驶的例子，针对角色的动作或机械类的运动制作父子链接骨架，学习Harmony中的反向动力学内容。

模　块	项　目	任　务	建议课时	工作概要
无纸动画 RETAS!PRO HD模块	项目7 RETAS!PRO HD 基础认知	1. RETAS!PRO HD软件概述 2. STYLOS HD概述 3. TraceMan HD概述 4. PaintMan HD概述 5. CoreRETAS HD概述	8	对RETAS!PRO HD软件进行基本介绍，要求对RETAS!PRO HD软件各模块功能有一个清晰的认知，并掌握各模块在制作动画中的任务分工、前后流程及各模块界面的简单操作。
	项目8 TraceMan HD 线稿处理	1. 《少女》线稿处理 2. 《雨中的黑猫》线稿处理	20	学习TraceMan HD线处理模块的功能及操作，学习操作达到符合动画片要求的线条处理、矢量线条转换、杂点去除、批量处理等任务。
	项目9 STYLOS HD 原动画绘制	1. 《地球熟了》草稿绘制 2. 《少女》动画绘制 3. 《小熊吃惊动作》原画绘制	22	学习STYLOS HD模块的功能运用，以案例练习学习原动画绘制。
	项目10 PaintMan HD上色	1. 《土豆弟弟》修线与上色 2. 《西红柿妹妹》上色 3. 《小怪兽》上色	16	学习PaintMan HD的常用工具和工作流程，通过修线、上色、去除杂色，最终连续查看每一张动画图片是否有错误导致跳色。
	项目11 CoreRETAS HD合成	1. 《雨中的黑猫》合成前准备工作 2. 《雨中的黑猫》单个镜头合成 3. 《雨中的黑猫》单个镜头合成后输出	14	学习CoreRETAS HD合成模块的功能运用，完成由上述3个模块的单独镜头或一组镜头在该模块中进行最后的合成，并输出成播放影片。

编　者

2012年9月

目 录

CONTENTS

第一部分
无纸动画Harmony 模块

项目 1
无纸动画基础认知

 项目概述

本项目通过介绍二维动画的发展概况、二维无纸动画的种类、无纸动画的优点和二维无纸动画与传统动画之间的关系，使学生理解无纸动画的概念；通过课外观摩无纸动画影片，使学生对无纸动画产生感性认识，从而更好地投入到学习中去。

 实训目标

理解无纸动画的概念，了解无纸动画的范围及发展趋势。

 项目课时

2课时。

 重点难点

熟悉无纸动画的核心技术。

实训过程

任务1 二维动画和无纸动画的发展概况

1.1 二维动画的发展概况

二维动画主要是指在二维平面空间里制作完成，以2D视觉效果为主的动画片。在中国，早期的传统二维动画称为美术片，因为其造型语言以传统绘画材质和类型等手段来实现。传统二维动画制作需要将画面逐帧画出（或造型变化）后再进行拍摄，工作量非常大，需要消耗大量的资源。

科技是推动动漫产业前进和发展的动力。20世纪末，随着计算机图形图像技术的飞速发展，大量计算机软件运用于动画制作中。早期，计算机的主要工作是辅助完成动画影片的角色造型设计，将传统赛璐珞片上色，然后扫描到计算机中，再通过软件完成上色，这一制作环节的技术革新为推进动画产业化创造了条件；到21世纪初，无纸动画技术已取代了大部分传统的手绘二维动画制作环节。

新科技的出现和应用极大地推动了动漫产业的发展，现代动画的诞生是伴随着新兴的计算机图形图像技术（CG技术）产生的，CG技术拓宽了动漫产业的发展方向，壮大了动漫产业，并创造了丰富的商业价值，也使得动漫行业可以利用新技术所带来的商业利润反过来推动CG技术的不断进步，形成良性循环。

1.2 二维无纸动画的概况

二维无纸动画是随着计算机图形图像技术发展而逐渐成熟、完善的一种全新的数字化二维动画创作方式。无纸动画创作主要采用"数字输入设备＋计算机＋动画软件"的全新工作流程，在计算机上完成大部分动画作品的制作环节，其绘画方式与传统的纸上绘画具有很强的相似性，因此对习惯于使用传统二维动画制作模式的动画师，能够很容易地从纸面动画制作模式转换为无纸动画制作模式。由于投入少、风险小，操作简便、生产周期短等特点，越来越多的动画公司已经普遍接受和采用了无纸动画工作流程（见图1—1—1），无纸动画技术扩展了整个动画市场的制作方向。

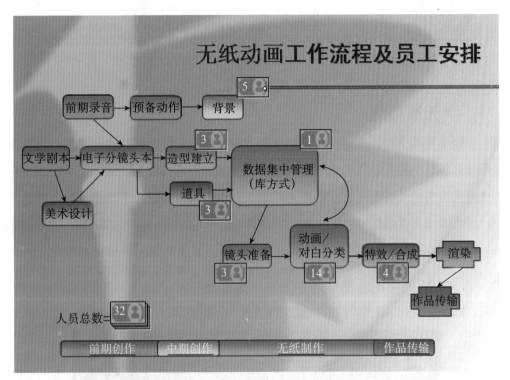

图1—1—1

目前国际动画市场已经在朝着无纸化的方向快速迈进，如日本东映株式会社，为降低生产流通成本而委托日本CELSYS公司开发了无纸动画系统，目前除在其东京本部使用外，还在菲律宾的分厂开设了无纸动画分部，大幅度降低了人力成本，提高了生产效率。在国内，像中央电视台、深圳翡翠动画设计公司、北京迪生动画科技有限公司和江苏卡龙影视动画传媒股份有限公司都率先使用了 Harmony 软件来制作二维无纸动画，苏州、无锡和常州的一些专接日本加工片的动画公司都在使用RETAS!PRO HD制作二维无纸动画，在常州国家动画产业基地使用无纸动画技术的企业有近60家。

任务2 二维无纸动画的类别与特点

2.1 半无纸动画

所谓半无纸动画，是指在动画制作的过程中部分采用无纸技术，如在上色阶段采用计算机填色技术，或者在中间绘制阶段使用计算机描线等，这也是现在很多公司普遍采用的动画片生产方式。半无纸动画制作方式主要取决于所使用的计算机软件，目前国际上普遍使用的有Flash（见图1—2—1）、Animo、RETAS!PRO HD等，像Animo这类软件属于典型的半无纸动画软件，因为它依然使用传统动画流程，只是让中期制作中的上色环节变得更快捷，但是前期依然需要在纸上绘制原动画和补帧动画稿，且这个软件是面向百人以上的大团队进行开发设计的。

图1—2—1

RETAS!PRO HD软件是日本开发的一套半无纸动画软件，在日本动画企业中得到广泛应用，国内的对日动画加工片企业也普遍使用（见图1—2—2）。使用RETAS!PRO HD软件制作动画的过程与传统的动画制作过程十分相近。RETAS!PRO HD软件主要由STYLOS HD、TraceMan HD、PaintMan HD和CoreRETAS HD四大模块组成，替代了传统动画制作中描线、上色、制作摄影表、特效处理、拍摄合成等过程。RETAS!PRO HD软件不仅可以制作二维动画，还可以合成实景及计算机三维图像，广泛应用于电影、电视、游戏、多媒体等多种领域。

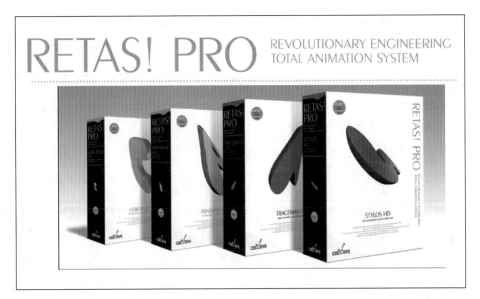

图1—2—2

2.2 纯无纸动画

纯无纸动画是指将数字技术融入传统的动画制作的生产方式，动画制作的整个或绝大部分过程采用无纸技术，并在计算机软件中实现，其中以加拿大Toon Boom公司的Harmony无纸动画创作系统为代表（见图1—2—3）。该系列软件为二维矢量动画设计软件，借助"变形"工具、"反向动力学(IK)"方式和"粘合"特效等功能，实现了部分前期制作和描线、上色、动画、特效合成等环节的无纸化。同时，无纸动画制作技术将改进的动画生产方式、集成式工作流程和资产管理工具结合在一起，从而大大节省了生产成本，提高了动画制作效率。无纸动画制作模式已成为国际及国内一些制作公司的行业标准，目前在迪士尼、华纳、中国中央电视台、鸿鹰、江通动画与宏广动画等大型动画专业制作公司中使用。

图1—2—3

2.3 无纸动画的技术优点

二维无纸动画的制作技术与传统动画制作技术相比，具有以下特点与优势：

（1）无纸动画制作使用模块化技术，集多重工序于一个工作界面中，在一个软件中可以完成多种传统二维动画的制作工序，如原画、描线、上色等，这使得用户可以在不同工作阶段，任意选择工作内容，又可以使一个软件操作人员可以身兼传统二维动画制作中的数个岗位。

（2）无纸动画以矢量化的图像绘制方式保证了图像的统一性。动画创作是一个集体项目，需要大量的人员协作完成。传统二维动画由于需要动画师手绘动画稿，不同的动画师所绘制的效果难免不统一，因此在动画整体效果、风格上无法保证完全一致；而二维无纸动画由于使用矢量技术及元件库技术，可以保证每一幅动画稿包括线条在内的所有细节完全一致，风格协调统一，同时矢量化的图像格式可以保证影片多样化的输出格式和品质，使用户在网页编辑、电视节目制作、影院片制作时可以任意选择制作方式。

（3）无纸动画快速的计算机上色方式，避免了传统动画上色时出现色彩误差等缺点，保证了制作过程中上色的高效率。

（4）无纸动画具有实时动画回放功能，借助计算机硬件的支持，动画制作人员可以及时调整合成时的效果，并实时检查结果，而不需要像传统二维动画一样等待生成影片之后再看结果。

（5）无纸动画的批量处理功能，可以批量处理相似的线稿，可以一次性批量填充多张色稿，减少了重复的人工劳动。另外，通过软件可以利用网络环境，系统能自动整合各设备间的空余资源，自动分配各设备间的运算能力。

（6）无纸动画的口型同步功能：无纸动画软件，尤其是Toon Boom Digital Pro PLE和Harmony等软件具备自动声波分析、自动口型同步化指定的功能，软件会自动根据音乐和声效选择适应的口型（见图1—2—4），解决了动画对口型的困扰，这对传统的二维动画制作技术来说是一个革命性的改进。

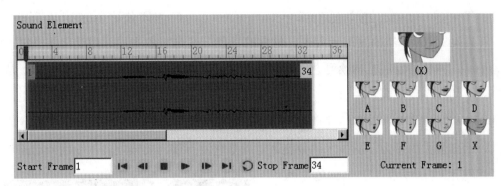

图1—2—4

2.4 无纸动画与传统二维动画的关系

2.4.1 传统二维动画的艺术性无法取代

无纸动画制作可以创造出2.5D的假三维视觉效果,具有一定的立体视觉效果和艺术氛围,这一点是传统二维纸上动画无法做到的, 因此无纸动画具有巨大的发展空间和市场潜力。但就无纸动画目前的技术来看, 二维无纸动画还是无法达到或取代传统二维纸上动画的很多艺术效果,比如风格化的艺术线条,可以是油画、水墨、素描等绘画效果。另外,从艺术欣赏的角度来讲,艺术的审美在于个体的独特性和差异性,传统二维纸上动画在制作过程中不可避免地会出现线条和画面风格略微的差别,物体和动作看似无意的夸张变形等情况,这正是在无纸动画工业化标准制作模式下产生不了的。在短时间内传统二维纸上动画的艺术性无法被无纸动画制作模式完全取代。

2.4.2 无纸动画技术越来越成为主流

动画是现代科学技术的产物,它与文学、戏剧、音乐、绘画等其他艺术一样,任何一次相关的科技革新都会对它产生重大的影响,都会丰富和拓宽它的表现手段及艺术创作方式。在动画领域中,艺术与技术相辅相成,技术先导于艺术又服务于艺术。

无纸动画技术的出现迎合了动画产业快速发展的需求,拓宽了动画这门年轻艺术的表现手段,给予了创作者无限的自由和想象力。最重要的是,无纸动画技术解放了动画生产力,简化了生产制作流程,节省了制作时间和制作成本,为动画艺术的快速普及起到了技术和物质的基础保障作用。

2.4.3　传统二维动画制作模式与无纸动画制作模式之间的优势互补

在动画100多年的发展历程中，材料的发展一直是一条主线。对于传统二维动画而言，材料的发展是指绘画艺术语言的发展，常常表现为材料和工艺的突破，从纸张上的线条发展为各种偶具，再到计算机数字图像等，我们能想象的所有非生命物质都有被赋予生命从而生成动画的可能。加拿大动画家特瑞尔曾说过："在我看来，动画最大的魅力，从技术的角度讲，就是它没有任何的限制。"正因为动画片是融艺术性和技术性于一体的特殊产物，我们在具体的制作过程中应充分考虑并合理运用二维无纸动画与二维传统动画的制作工艺，发挥两种制作方式各自的长处。例如在二维动画电影剧情长片中，我们应考虑到其艺术性要更强一点；而在二维动画连续剧制作中，我们往往考虑的是如何在保证质量的情况下节省制作成本，更着重考虑的是其技术性。我们关注二维动画片制作的两种模式，不是为了使传统模式和无纸模式相对立，而是想找到一种有效合理的途径使这两种动画制作模式优势互补，促进动画产业的不断发展、壮大。目前在实践中，两种动画制作模式的结合产生了许多成功案例，如迪士尼公司的《爱丽丝梦游仙境》、梦工场的《辛巴达七海传奇》（见图1—2—5）、上海美术电影制片厂的《马兰花》等。

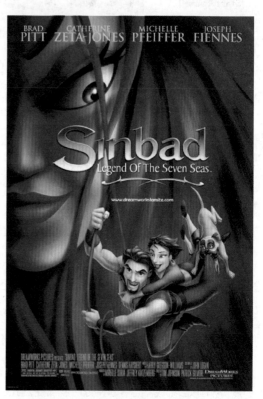

图1—2—5

 拓展练习

观摩不同类型的二维动画影片，理解二维无纸动画影片的风格和技术特点，分组整理，形成分析报告，并进行汇报。

项目 *2*
基础篇
——摇头的小花

 项目概述

本项目主要学习Harmony软件的绘画工具和工作流程。在新的场景中，粗略地绘制一朵郁金香，然后用传统动画的制作方式，在独立的层上给画面清线，并且给这朵郁金香做动画。

 实训目标

掌握视图、画笔、洋葱皮、透光台、律表、时间线的具体操作方法。

 项目课时

10课时。

 重点难点

本章重点是Harmony软件用户界面的基本操作、常用视图和工具栏的学习，难点是熟练掌握无纸动画制作的基本知识和Harmony软件的基本操作方法。

无纸动画实训

实训过程

任务**1** 创建场景

首先介绍一下Harmony软件的界面（见图2—1—1）。图中：A区域为菜单栏，显示所使用的软件的各种操作菜单的名称和功能；B区域为工具面板，包含各种选择工具、绘图工具、视图工具和一些相关选项；C区域为控制面板，包含各种控制动画播放的工具；D区域为浮动面板，包含各种动画创作相关功能的面板，可以自由进行添加组合；E区域为舞台，用来具体绘制和操作动画元件素材；F区域为时间线面板，显示舞台或时间轴上相关素材的属性。

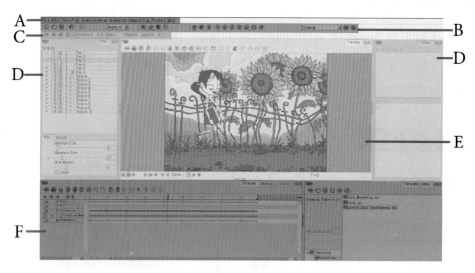

图2—1—1

需要说明的是，在使用软件前应学习相关背景知识，如了解位图、矢量图、像素等概念。

步骤1 开始工作之前，必须先创建一个新的Scene。设定镜头的长度是10帧，输入镜头名称tulip。

步骤2 点击Start>Programs>Toon Boom Harmony，打开Harmony软件窗口。创建之后，Harmony中会出现许多小窗口，图2—1—2是缺省的布局样式，可以根据要求改变窗口的大小和形状。

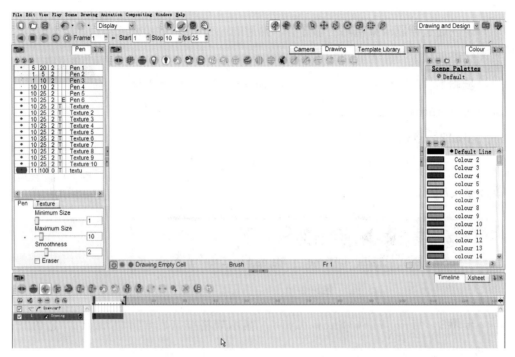

图2—1—2

步骤3 在Xsheet窗口中，双击Column名称打开对话框（见图2—1—3）。

步骤4 输入新的名称rough，点击OK（见图2—1—4）。

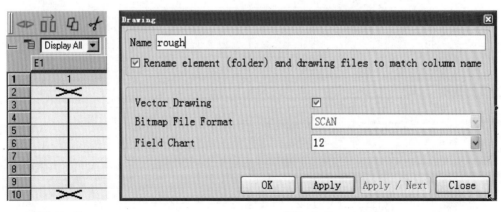

图2—1—3   图2—1—4

任务2 绘制一朵粗略的郁金香

现在通过绘制一朵粗略的郁金香，熟悉Harmony软件的绘画工具和绘画步骤。

步骤1 在Xsheet窗口中，点击rough层的Frame 1来激活Drawing Window（见图2—2—1）。

步骤2 点击Drawing标签（见图2—2—2），打开Drawing Window。确认激活了Drawing Window，鼠标经过上面的时候整个视图区变成红色。

图2—2—1

图2—2—2

步骤3 点击 View>Show Grid，显示规格框（Field Chart）（见图2—2—3）。

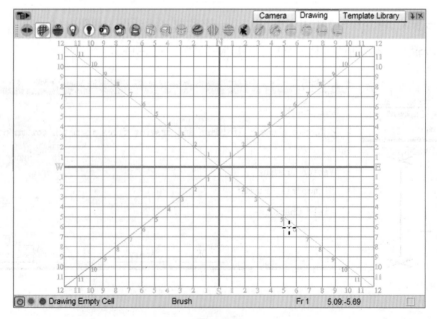

图2—2—3

步骤4 使用快捷键Ctrl+F展开视图区域到整个屏幕，以便有更多的空间来绘画。（有红色边缘代表已激活，全屏模式使用快捷键Ctrl+F，这对很多窗口都适用）

步骤5 从工具箱中选择画笔工具 ✎ ，点击 Window>Pen Styles Editor，打开笔型编辑器；或者使用快捷键Shift+E打开笔型编辑器（见图2—2—4）。

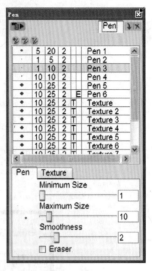

当使用画笔和手写板时，根据绘画时候的压力，画笔工具允许变换不同的粗细程度，笔粗细的最小值和最大值根据画出来的样子设置。在绘画时，按住O键拖动可调整笔刷大小，笔的尖端会显示一个小圈来表示笔刷的大小。

步骤6 点击其中一个预设的笔尖，按如下设置：

Minimum Size：5

Maximum Size：10

Smoothness：2

图2—2—4

步骤7 用画笔工具粗略绘制郁金香，配合使用下列快捷键来缩放视图：

快捷键1：放大视图

快捷键2：缩小视图

Spacebar键：移动视图

Shift+M：重置视图

画完之后，郁金香看起来应该如图2—2—5所示。

步骤8 使用快捷键Ctrl+F来恢复视图布局。

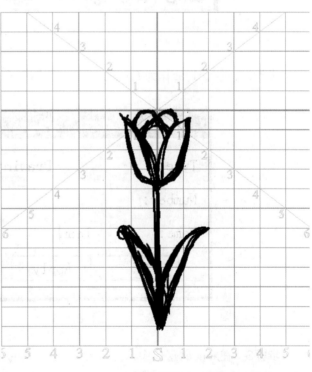

图2—2—5

任务**3** 给郁金香清线

有了一朵粗略的郁金香，Harmony的矢量绘制工具可以给画面清线。与传统动画一样，需要将一个新层放在粗略的郁金香层上面，通过透光台效果来描图。我们首先创建新层，然后来清线。

步骤1 在时间线窗口中，点击Add Modules来创建新的画面层（见图2—3—1）。

图2—3—1

步骤2 键入clean作为新层的名称，点击OK（见图2—3—2）。

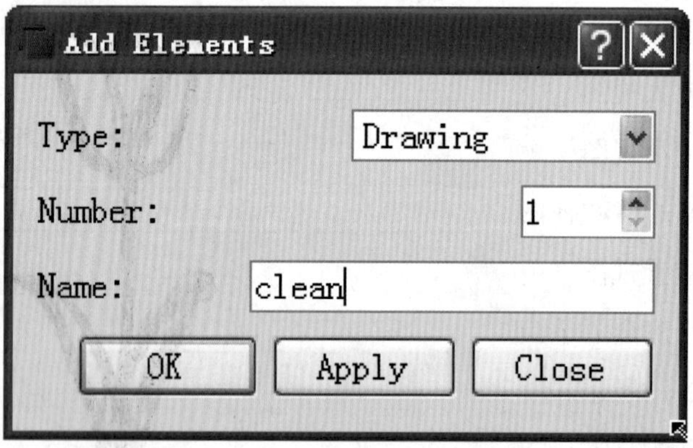

图2—3—2

步骤3 在Xsheet窗口中，点击clean那一列的第1帧。

步骤4 在绘画视窗被激活的情况下，使用快捷键Ctrl+F将绘画窗口全屏化。

步骤5 使用快捷键Shift+L打开透光台，这时可以透过当前层看到下层灰色的郁金香（见图2—3—3）。

步骤6 使用Zoom in工具推近到郁金香的顶端。

步骤7 从工具箱中选择铅笔工具，使用快捷键Shift+E打开笔型编辑器，设置笔头的最大值为8。（当使用铅笔工具时，笔型同样适用于画线，大小也是通过笔型编辑器来设置）

步骤8 画两条线，代表郁金香的左边花瓣（见图2—3—4）。

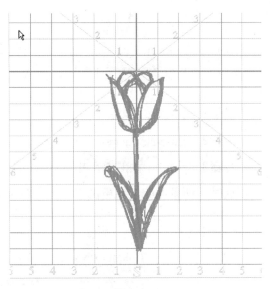

图2—3—3

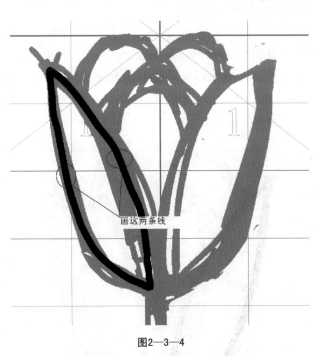

图2—3—4

提示：使用加了Smoothness的铅笔工具比使用多义线工具画起来简单些。画好之后通常把铅笔线转换成画笔线，这样可以更多地改变线的粗细。

任务**4**　使用圆滑处理

步骤1　在绘画工具箱中，点击选择工具 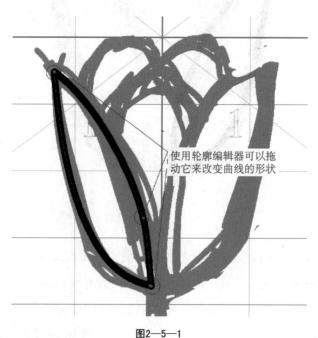 。

步骤2　拖动选择工具，选择已画好的两条线。

步骤3　从绘画菜单 中选择Selected> Smooth。

这时，两条线比之前更圆滑一些。如果想让它更加圆滑，重复以上3个步骤。

任务**5**　使用轮廓编辑器

步骤1　在工具箱中点击轮廓编辑器 。

步骤2　点击并且拖动轮廓编辑器，选中两条线，在线的中心看到可以操控的点（见图2—5—1）。

使用轮廓编辑器可以拖动它来改变曲线的形状

图2—5—1

步骤3　把鼠标放在线上面，不用点击，当Poly Drag Cursor 显示的时候，就可以改变曲线的形状了；也可以点击任何一个矢量点，显示出它的控制手柄，一旦有效，就可以将曲线编辑成想象中的形状（见图2—5—2）。

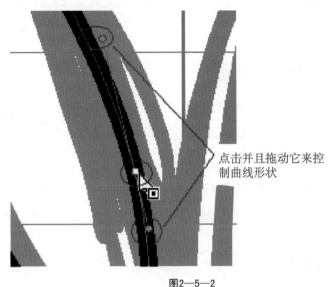

点击并且拖动它来控制曲线形状

图2—5—2

提示： 使用轮廓编辑器可以移动矢量点，也可以使用键盘上的箭头工具来移动它们。

步骤4 使用轮廓编辑技术来改变花瓣的形状，把它变成我们想要的。最后结果如图2—5—3所示。

图2—5—3

任务6 绘制郁金香的各个部分

6.1 制作郁金香右边的花瓣

制作好左边的花瓣后，接下来制作右边的花瓣。因为它们是对称的，我们只需简单地把左边的花瓣拷贝、镜像至右边，这样既节省时间，又可以制作出一个完全一致的花瓣。

步骤1 使用工具箱中的选择工具 ▶ 。

步骤2 在图中拖动一个区域，选择已画好的两条线。

步骤3 使用快捷键Ctrl+C进行拷贝，或者使用Edit>Copy Drawing Object进行拷贝。

步骤4 使用快捷键Ctrl+V进行粘贴，或者使用Edit>Paste Drawing Object进行粘贴。花瓣在图中显示了，但是它们看起来都像左边的花瓣，若要将其变成右边的，必须进行镜像。

步骤5 确认选择的是新的花瓣，从绘画菜单中选择Selected>Transform>Flip Horizontally（水平镜像）。镜像之后，花瓣看起来就像右边的花瓣了（见图2—6—1）。

步骤6 拖动右边的花瓣到合适的位置，或者使用键盘上的箭头来移动它。移动后的花瓣如图2—6—2所示。

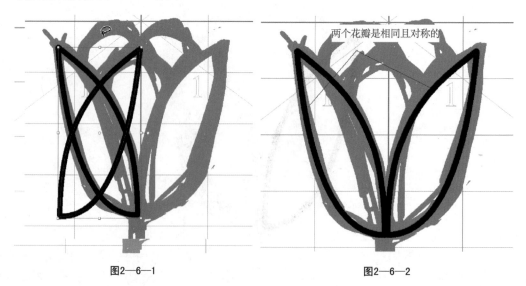

图2—6—1　　　　　　　　　　图2—6—2

提示：按住Shift键移动物体，物体每步移动10个像素。

6.2 制作郁金香的球茎

步骤1 从工具箱中选择使用多义线工具。

步骤2 在与左边花瓣相连的地方点击创建第一个点，在花瓣的高处点击创建第二个点，再点击第三个点连接至右边的花瓣（见图2—6—3）。

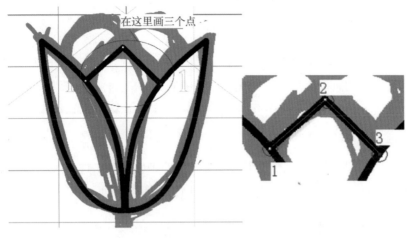

图2—6—3

步骤3 使用轮廓编辑器操作矢量点，修改线条，得到一个圆形的拱弯。

步骤4 重复步骤1~3两次，绘制其他的花瓣，结果如图2—6—4所示。

图2—6—4

提示： 使用多义线工具时，应尽可能使用较少的点创建图形，因为较少的点操控起来更容易。

如果需要删掉一个点，可用轮廓编辑器选中并删除它。有时候必须加一个点来给某个区域编辑形状，可使用轮廓编辑器来加点，即按住Ctrl键在线上点击来创建新的点。

6.3 绘制郁金香余下的部分

步骤1 在工具箱中选择直线工具 ✏ 。

步骤2 点击郁金香球茎的根部，不要松开鼠标，向下拖动，画出郁金香的茎，画到足够长的时候放开鼠标（见图2—6—5）。

提示： 如果在拖动的过程中按住Shift键，所画出来的线会被约束在网格上，这样更容易画出精确的直线。

步骤3 使用折线工具 ⟲ 和铅笔工具 ✏ 画出叶子，使用轮廓编辑器来编辑它们（见图2—6—6）。

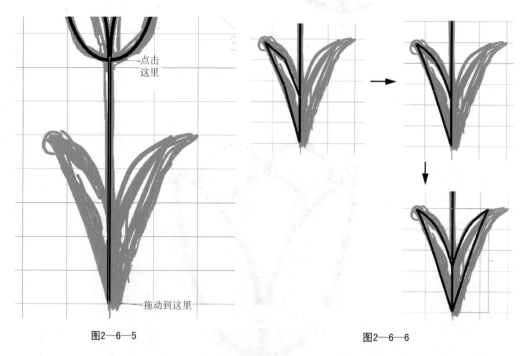

图2—6—5   图2—6—6

提示： 绘制时，有时候需要旋转视图来辅助绘画。按住Ctrl+Alt键，拖动鼠标，就可以将视图旋转到适当的位置。另外，可使用快捷键Shift+M来重置视图（见图2—6—7）。

步骤4　使用快捷键Shift+L关掉透光台，使用快捷键Ctrl+'隐藏规格框网格线，这样就可以清楚地看到绘制完的郁金香（见图2—6—8）。

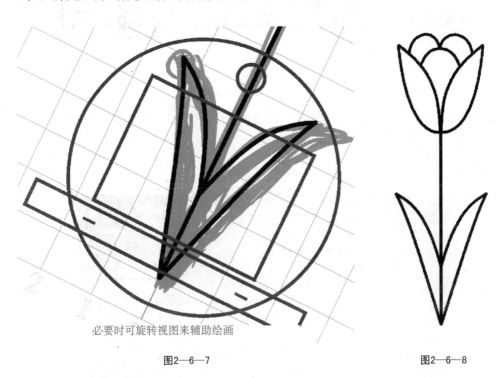

必要时可旋转视图来辅助绘画

图2—6—7　　　　　　　　　　　　　　　　　图2—6—8

 使用洋葱皮

步骤1　从菜单 中点击View> Onion Skin>Show Onion Skin。

步骤2　回到菜单View> Onion Skin中作如下选择：

之前两张（画面显示为红色）

之后两张（画面显示为绿色）

提示：在制作动画的时候，经常改变洋葱皮功能中可视画面的数目，我们可以通过菜单改变数目，也可以拖动Timeline窗口中显示的蓝色滑杆来改变数目（见图2—7—1）。

拖动蓝色的滑杆，增加或减少可视画面的数目

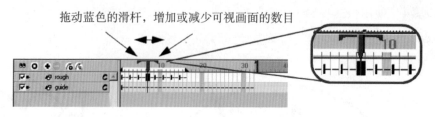

图2—7—1

若要查看郁金香层下面的参考线，可以通过使用快捷键Shift+L打开透光台查看。

步骤3 在Xsheet中点击 Exposure>Hold Exposure，设定缺省情况下每张画停多少帧（见图2—7—2）。

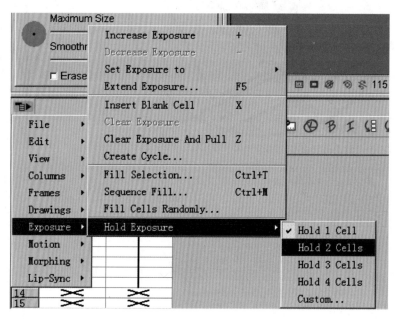

图2—7—2

 **任务8** **绘制原画**

郁金香从一个垂直的位置开始，先向左弯，再向右弯。本书前文已经绘制好了郁金香垂直的位置，现在来绘制其左边和右边的姿态。

步骤1 在Xsheet窗口中，点击rough层的Frame 3。在绘画窗口中，通过洋葱皮

功能可以看见一个红色的Drawing 1 画面，这就是我们要制作的画面之前的一个画面。

提示：不要忘了一些有用的选项，如显示规格框可使用快捷键Ctrl+G，全屏显示可使用快捷键Ctrl+F，旋转视图可通过按住Ctrl+Alt键并拖拽鼠标实现。

步骤2　选择笔刷工具 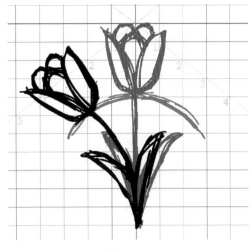，通过前文学习的技术绘制郁金香左边的姿态。使用洋葱皮功能，可以得到如图2—8—1所示的结果。

图2—8—1

提示：因为设定缺省的曝光为2帧，Drawing 1自动持续2帧的设置。

步骤3　在rough层上双击Frame 5，在Drawing 2后面插入Drawing 1。接下来我们作一个循环。

步骤4　键入1，回车，如图2—8—2所示。

步骤5　在Xsheet窗口中，点击第7帧，可以看到Drawing 1和Drawing 2都是红色的。

步骤6　绘制出郁金香右边的极限姿态，如图2—8—3所示。

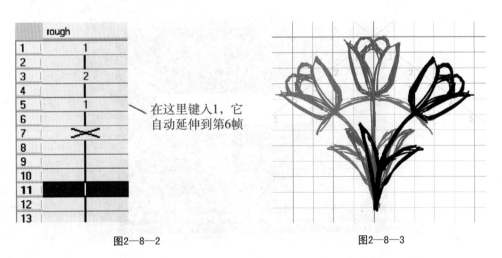

图2—8—2

图2—8—3

提示：也可以使用镜像工具将Drawing 2拷贝、镜像后形成Drawing 3，这样可以节约时间。

任务9 预演动画

步骤1 设定回放的范围，回放开头的8帧，通过拖动黑色小标记来设定（见图2—9—1）。

图2—9—1

步骤2 点击Playback标签，找出Playback窗口。

步骤3 从菜单 中选择View> Matte。因为还没有给这个镜头添加背景，我们使用黑色的笔刷，必须激活它的Matte选项，这样才能看见动画回放。

提示： 如果不想看见Matte遮罩的颜色，可以简单地从模块库里选一个色卡放在动画后面。

步骤4 从回放菜单 中选择Source>Reload Frames。

步骤5 点击循环按钮 重复预演，点击 查看动画（见图2—9—2）。

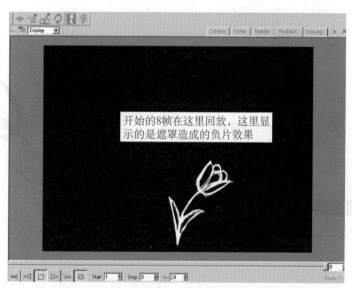

图2—9—2

看起来还不错，就是运动得有些太快了。

任务 10　给运动调整时间

为了改善运动效果，需要把郁金香的运动放慢一点。那么，我们把一拍二改成一拍四。

步骤1　在Timeline窗口中，点击rough层的 Frame 1。

步骤2　按住Shift键并点击Frame 8，选择所有的画面（见图2—10—1）。

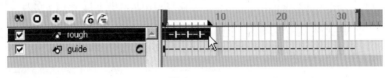

图2—10—1

步骤3　在右键的选择器中，选择Set Exposure（见图2—10—2）。

步骤4　在Set Exposure窗口中，设定曝光格数为4（见图2—10—3）。

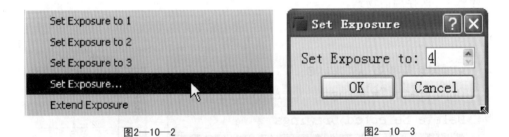

图2—10—2　　　　　　　　　　　图2—10—3

步骤5　再次拖动黑色小滑杆，将时间设定停在Frame 16的位置（见图2—10—4），在这个范围内进行回放。

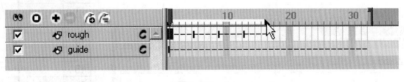

图2—10—4

步骤6　从回放菜单 中选择Source>Reload Frames，再次播放动画。

步骤7　保存场景。

任务 *11* 给原画重命名

许多动画师会选择题目的画面数字跟帧序号相对应，这一步不是必需的，但是有助于组织好这些画面。

步骤1 在Xsheet窗口中，点击Drawing 2，右键选择Rename Drawing（见图2—11—1）。

步骤2 在Rename Drawing窗口中键入5，点击OK（见图2—11—2）。

步骤3 重复上述两个步骤，把Drawing 3重命名为Drawing 13。完成后，Xsheet窗口如图2—11—3所示。

提示： 从Xsheet窗口中删除一个Drawing的时候，它的名字仍然在场景库里存在。在将原Drawing从场景库中删除之前，不能以与老Drawing相同的名字给新Drawing命名。在场景库中给老Drawing改名，则没有问题。

步骤4 保存当前场景。

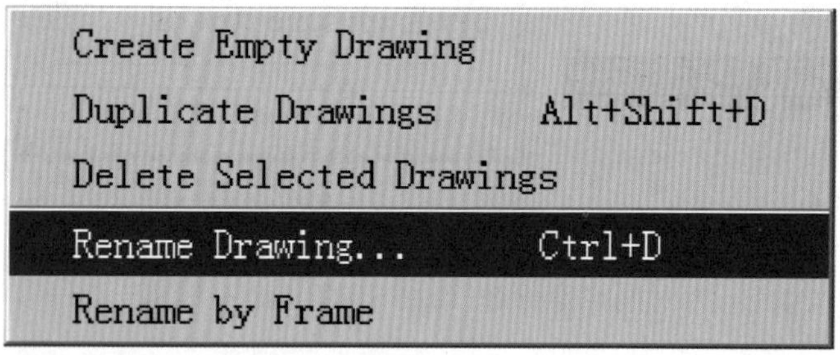

Create Empty Drawing
Duplicate Drawings   Alt+Shift+D
Delete Selected Drawings
Rename Drawing...   Ctrl+D
Rename by Frame

图2—11—1

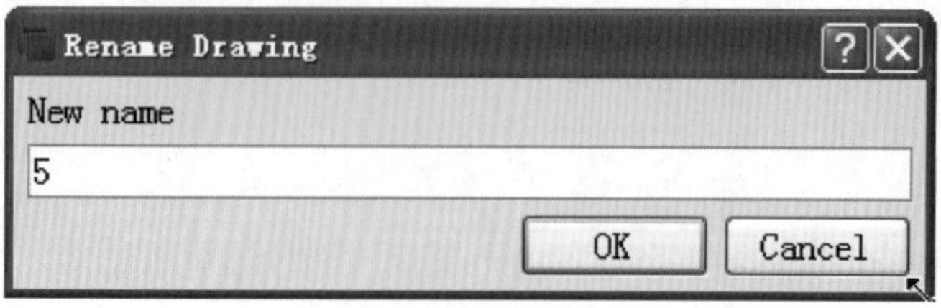

Rename Drawing

New name

5

OK   Cancel

图2—11—2

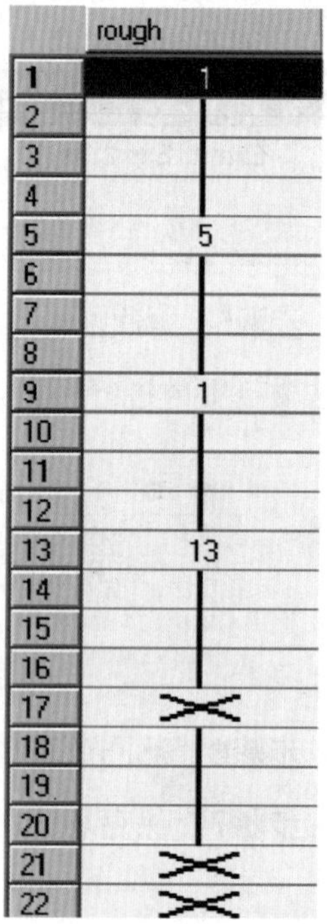

rough

1	1
2	
3	
4	
5	5
6	
7	
8	
9	1
10	
11	
12	
13	13
14	
15	
16	
17	×
18	
19	
20	
21	×
22	×

图2—11—3

任务 **12** 安排动画

这些Drawing在绘制之前就已经被加入Xsheet中，我们已经知道它们应该在哪里，知道了它们的命名。这种方法类似于传统动画中填摄影表。

步骤1 双击Frame 3，添加Drawing 3；在Frame 7中也添加Drawing 3。

步骤2 按以上方法在Frame 11和Frame 15中添加Drawing 11，结果如图2—12—1所示。

Xsheet应该像这样

图2—12—1

任务 **13** 绘制动画

下一步就是绘制动画，让动作变圆滑。绘制两种姿态之间的动画，将用到之前学到的所有技术：参考层、自动透光台、洋葱皮功能。

步骤1 以图2—13—1作为参考，点击Xsheet窗口中的Drawing 3，在绘画窗口里绘制Drawing 3。

绘制Drawing 3

图2—13—1

步骤2 重复上一步骤，绘制Drawing 11（见图2—13—2）。

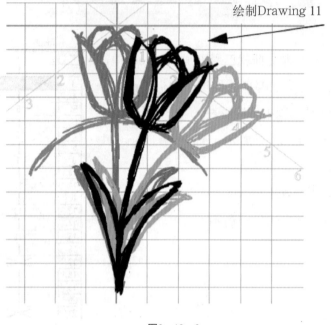

绘制Drawing 11

图2—13—2

提示：当使用洋葱皮功能时，前面的一张显示为红色，后面的一张显示为绿色。

步骤3 在Playback窗口重新播放这些帧。这时，可以根据必要性增加或者减少动画张数。

任务14　给动画清线

如果满意动画的播效效果，就可以给所有动画清线了，按照清线的步骤进行。

清线完成的动画必须：

（1）创建一个新的层。

（2）打开灯箱的灯。

（3）使用前文学习的矢量点工具和相应的技术。

拓展练习

1.运用所学知识制作一个简单的钟摆运动动画（见图2—15—1）。

2.延伸练习：运用所学知识制作人的手臂摆动动画（见图2—15—2）。

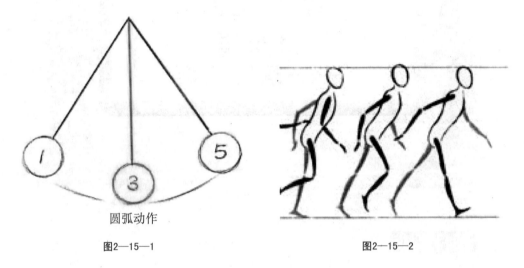

圆弧动作

图2—15—1　　　　　　　　　　　　图2—15—2

相关资料参看常州纺织服装职业技术学院精品课程建设网站（http:jpkc.cztgi.cn/wzdh）。

项目 3
进阶篇
——蝙蝠飞舞

 项目概述

许多动画艺术家仍然习惯于在纸面绘制动画画稿，Harmony软件提供快速且精确的纸面画稿矢量化导入技术，使纸面画稿以最快的速度转变为矢量动画。

本项目讲授了如何将一套从纸面上扫描输入的画稿导入Harmony软件，对其进行矢量化并组织成一段一拍二的动画的操作流程。

 实训目标

能熟练导入外部画稿，掌握逐帧动画的创作技巧。

 项目课时

20课时。

 重点难点

本章重点是逐帧动画的理解与创建，难点是动画节奏的掌握。

 实训过程

任务1 准备素材

    首先要确保纸面画稿经扫描进入计算机后全部存储在一个英文名称的目录下，且该目录在硬盘上位于英文字符的路径下。

    例如，我们现在将绘制在纸面上的6张动画稿逐一扫描至计算机中，使用分辨率为300 dpi的png格式存储，依次命名为bat_gray_png-1、bat_gray_png-2…bat_gray_png-6，所有扫描后的画稿都存储在名为Bat_Gray_PNG_300DPI的文件夹中（见图3—1—1）。

图3—1—1

任务2　绘画元素层

在Harmony中新建一个元素，命名为bat，长度为12帧（见图3—2—1）。

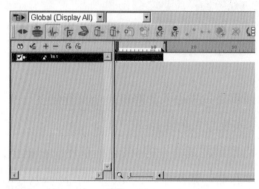

图3—2—1

任务3　导入外部画稿

步骤1　在律表视图中，右键点击当前律表层，选择Import>Drawings导入外部画稿（见图3—3—1）。

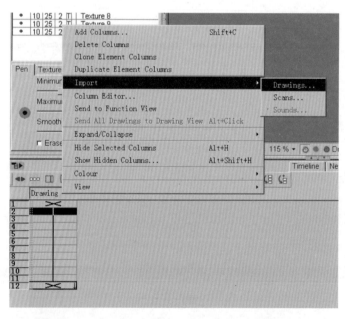

图3—3—1

步骤2 在打开的对话框中，点击浏览文件夹图标，打开存储画稿的名称为Bat_Gray_PNG_300DPI的文件夹，用鼠标框选全部画稿（6张）并选择打开（见图3—3—2）。

图3—3—2

步骤3 点击Edit Vectorization Parameters按钮进行矢量化参数设置（见图3—3—3）。

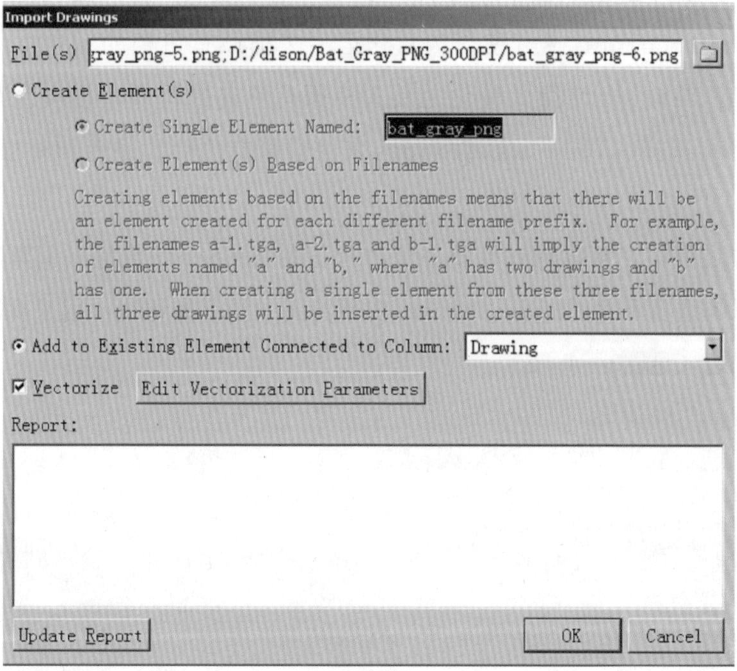

图3—3—3

任务4 画稿矢量化

在Vectorization Parameters对话框中，单击Vectorize按钮进行缺省参数矢量化，发现由于绘制的画稿线条粗细不均、颜色深浅不一且带有部分脏点，使得矢量化之后的结果不尽如人意。下面通过调整部分常用参数来达到修改矢量化结果的目的。

步骤1 调整左上方Threshold的数值来达到修改提线阀值的目的。Threshold数值越大，提线范围越小，提出的线越细，携带的脏点越少；Threshold数值越小，提线范围越大，提出的线越粗，携带的脏点也越多。

步骤2 调整左下方Remove Holes和Remove Dirt的数值来达到填补孔洞和删除脏点的目的。数值越大，填补的孔洞越多，删除脏点越干净；数值越小，填补的孔洞越少，删除脏点越少。

步骤3 调整中下方Close Gaps的数值来自动封闭绘画时遗留的画稿线条缺口。数值越大，能够自动封闭的缺口越大；反之，则越小。

步骤4 可以通过点选对话框中上方的Output选项来达到过滤颜色和材质的目的。选择No Colour Art使得矢量化之后去掉原有色稿的颜色，只用灰度代替；选择No Texture使得矢量化之后去掉原有色稿的材质，用实色黑色填充所有线稿部分；选择Colour as Texture来保留原有色稿的颜色和材质（见图3—4—1）。

在操作过程中，可以通过调整左上方预览图下的Scale数值来调整预览图的大小，还可以勾选右下角的Show strokes在预览图中显示描边线，用来观察矢量化之后的线条描边（见图3—4—2）。

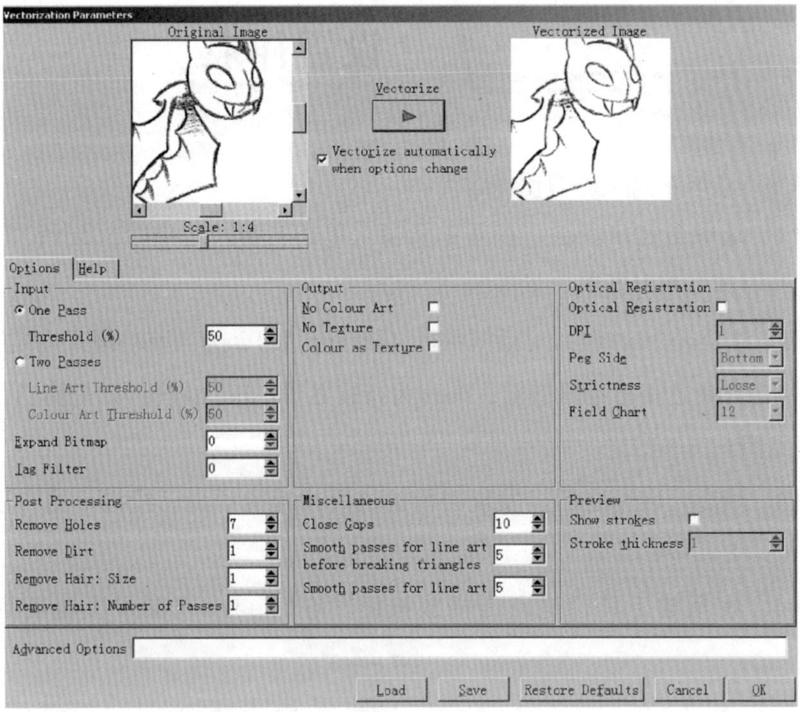
Vectorization Parameters
Original Image
Vectorized Image
Vectorize
Vectorize automatically when options change
Scale: 1:4
Options
Help
Input
One Pass
Threshold (%) 50
Two Passes
Line Art Threshold (%) 50
Colour Art Threshold (%) 50
Expand Bitmap 0
Jag Filter 0
Output
No Colour Art
No Texture
Colour as Texture
Optical Registration
Optical Registration
DPI 1
Peg Side Bottom
Strictness Loose
Field Chart 12
Post Processing
Remove Holes 7
Remove Dirt 1
Remove Hair: Size 1
Remove Hair: Number of Passes 1
Miscellaneous
Close Gaps 10
Smooth passes for line art before breaking triangles 5
Smooth passes for line art 5
Preview
Show strokes
Stroke thickness 1
Advanced Options
Load
Save
Restore Defaults
Cancel
OK

图3—4—1

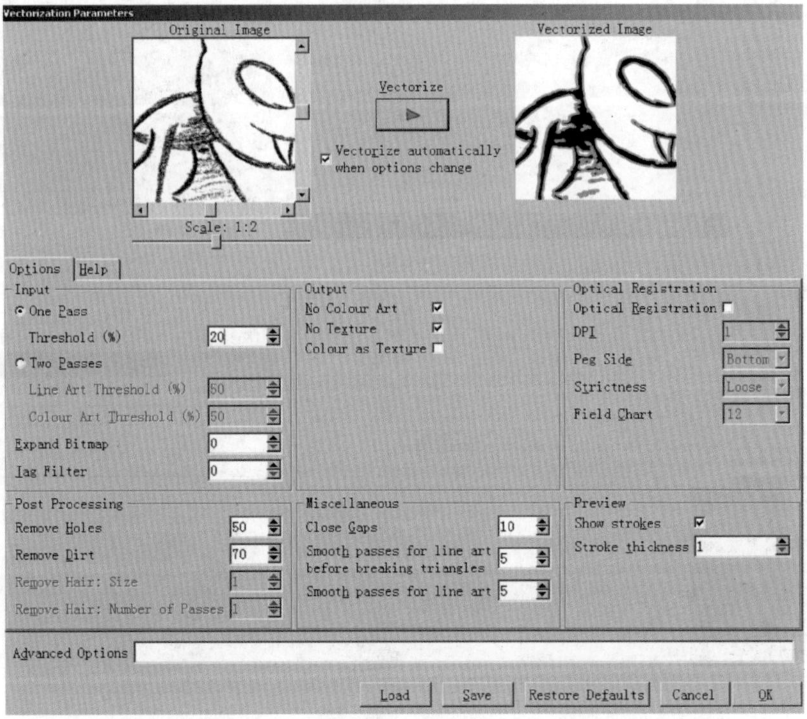
Vectorization Parameters
Original Image
Vectorized Image
Vectorize
Vectorize automatically when options change
Scale: 1:2
Options
Help
Input
One Pass
Threshold (%) 20
Two Passes
Line Art Threshold (%) 50
Colour Art Threshold (%) 50
Expand Bitmap 0
Jag Filter 0
Output
No Colour Art
No Texture
Colour as Texture
Optical Registration
Optical Registration
DPI 1
Peg Side Bottom
Strictness Loose
Field Chart 12
Post Processing
Remove Holes 50
Remove Dirt 70
Remove Hair: Size 1
Remove Hair: Number of Passes 1
Miscellaneous
Close Gaps 10
Smooth passes for line art before breaking triangles 5
Smooth passes for line art 5
Preview
Show strokes
Stroke thickness 1
Advanced Options
Load
Save
Restore Defaults
Cancel
OK

图3—4—2

任务5 设置律表

画稿导入之后，自动排列在律表中。

步骤1 选中当前律表层，在其中一帧上单击右键，选中Exposure>Sequence Fill，打开序列填充对话框（见图3—5—1）。

步骤2 在Sequence Fill对话框中，Starting Value为当前动画开始帧的号码；Increment为每帧之间的号码增量；Hold为持续数量，Hold数值为2是指当前动画为一拍二（见图3—5—2）。

步骤3 填充且应用之后，发现当前的这段12帧的动画已经按一拍二设置完毕（见图3—5—3）。

步骤4 在播放工具栏里点击播放按钮，在Camera视图中预览动画（见图3—5—4）。

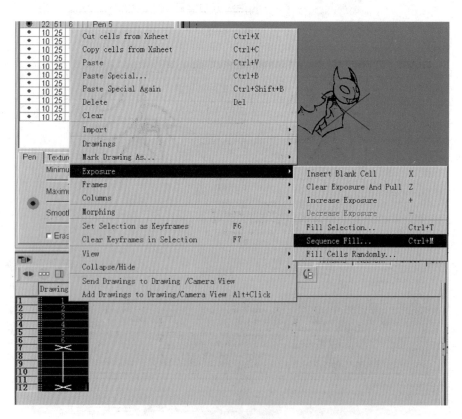

图3—5—1

38

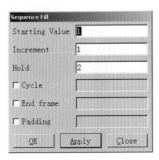

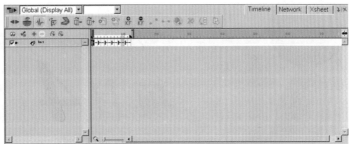

图3—5—2　　　　　　　　　　　　　图3—5—3

图3—5—4

 拓展练习

运用图3—6—1给出的小鸟造型，做个简单的飞禽动画。相关资料参看常州纺织服装职业技术学院精品课程建设网站（http://jpkc.cztgi.cn/wzdh）。

图3—6—1

 项目概述

本项目使用Harmony软件完成一段完整的动画，包括无纸动画的基本流程和特效制作。通过这个例子，熟悉Harmony工具的使用。

 实训目标

熟练使用定位钉创建动画。

 项目课时

20课时。

 重点难点

本章重点是绘画工具、画稿调整修改工具、绘画圆盘和调色板的使用，难点是定位钉的使用。

 实训过程

任务1 创建项目

步骤1 点击计算机桌面上的控制中心快捷图标 ，或点击"开始"程序菜单中的Control Center，打开Database Login窗口（见图4—1—1）。

图4—1—1

步骤2 在用户名称栏内输入自己的名称，点击Login按钮，此时打开管理界面。

在Harmony中新建一个项目需要按照Harmony软件规定的项目结构去创建，这样便于不同用户之间的分工协作与素材共享。

步骤3 在Control Center对话框中分别创建新的剧目（Environment）、新的集（Job）和新的镜头（Scene），创建的方法是依次在Environment、Job和Scene的菜单下点击Create（见图4—1—2）。

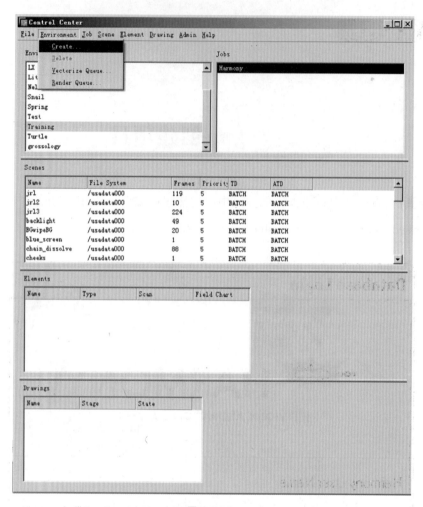

图4—1—2

步骤4 将新的剧目命名为tt（见图4—1—3）。

步骤5 以同样的方法将新的集命名为ee（见图4—1—4）。

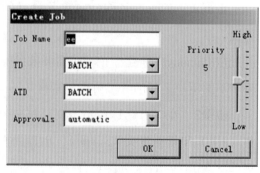

图4—1—3   图4—1—4

步骤6 将新建的镜头命名为escape_baby，并且指定在文件系统usadata000下，点击OK，创建完毕（见图4—1—5）。

步骤7 点击计算机桌面上的图标 ▥ 打开Harmony软件，点击File>Open，打开Database Selector，在这里可以看到刚才创建的剧目（见图4—1—6）。

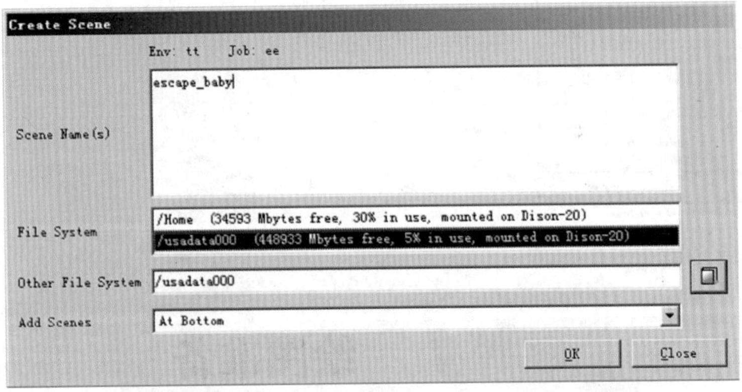

图4—1—5

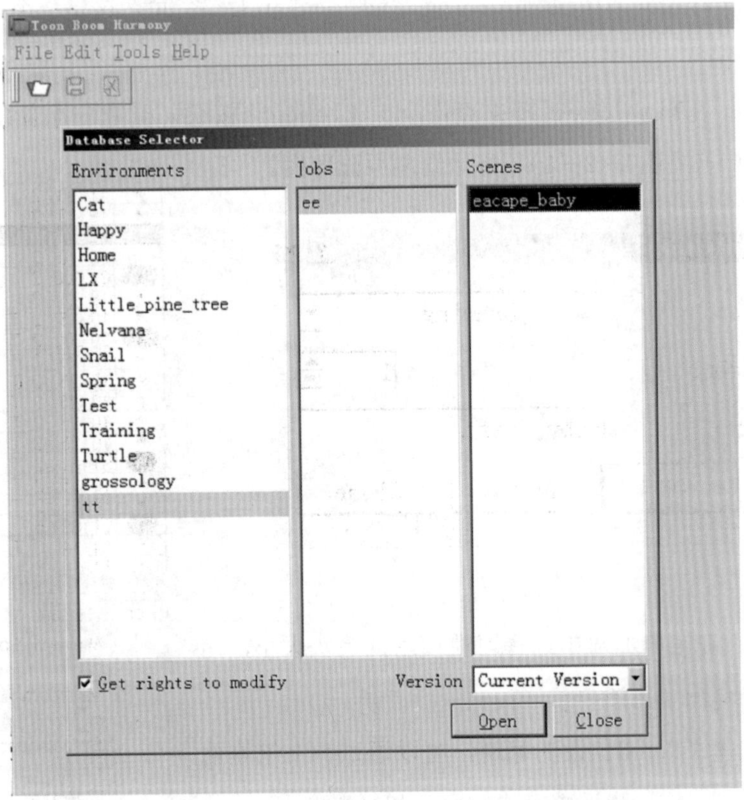

图4—1—6

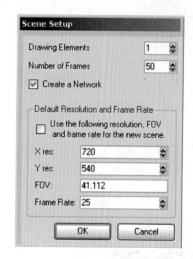

图4—1—7

步骤8 选择当前镜头场景escape_baby，点击Open，打开镜头场景。因为当前为新建的空场景，出现Scene Setup对话框，在对话框中设定当前镜头总时长为50帧，镜头帧率为25（见图4—1—7）。

任务2 绘图准备

把Harmony主界面切换到Drawing and Design工作空间，这是一个用来绘画的工作空间。

步骤1 在Timeline视图中点击Add Elements按钮，创建一个新的层（名为baby_draft）（见图4—2—1），开始绘制原画草图。

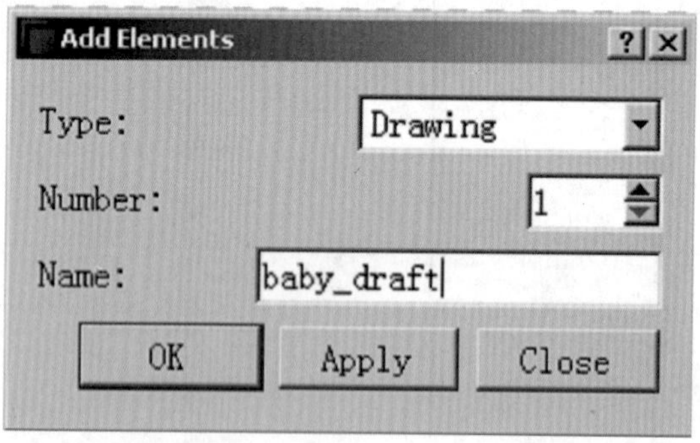

图4—2—1

步骤2 在笔刷面板中选择习惯使用的笔头大小，用来绘制原画草图（见图4—2—2）。

这里选择了Pen 3预设的笔刷，可以通过调节笔刷面板下方的滑杆，进一步调整笔刷的大小和平滑度。

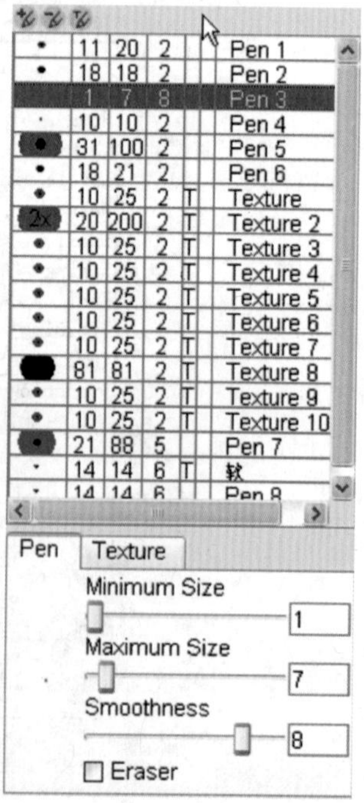

图4—2—2

步骤3 在用户偏好视图中，设置绘画的命名方法为Use Current Frame as Drawing Name（见图4—2—3）。

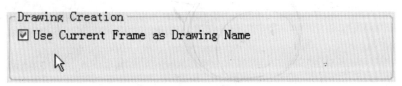

图4—2—3

 **绘制草图**

步骤1 在Timeline视图中，把时间滑杆滑到第1帧。

步骤2 在Drawing视图中，使用选择的笔刷绘制角色的姿态，先用圆形大体确定体积结构，然后逐步深入细节（见图4—3—1和图4—3—2）。

图4—3—1

图4—3—2

步骤3 把时间滑杆滑到第7帧的位置，准备绘制角色走路身体最高时的一张姿态图。按下Drawing视图中的洋葱皮按钮 ⬤ ，此时可以看到刚才绘制的第1帧的内容，第1帧以红色显示。依照第1帧的姿态，对齐脚的位置，绘制第7帧的姿态（见图4—3—3）。

图4—3—3

提示：绘制的时候按住键盘上的E键，可以临时使用橡皮工具，擦除所绘线条。

第13帧与第1帧的姿态大体相同，只是脚的位置相反，即第13帧中，角色的左脚在前。我们可以把第1帧的内容拷贝到第13帧的画面中，略加修改，使之成为第13帧的画面。

步骤4 把时间滑杆滑到第1帧，在Drawing视图中单击右键，选择Select all，选择所有画面内容，按快捷键Ctrl+C拷贝所有画面内容。把时间滑杆滑到第13帧的位置，点击右键，选择Create Empty Drawing，在此处创建一个空的关键帧，并将上述内容粘贴在其中（见图4—3—4）。

步骤5 在Drawing视图中，按快捷键Ctrl+V粘贴所有拷贝的内容。

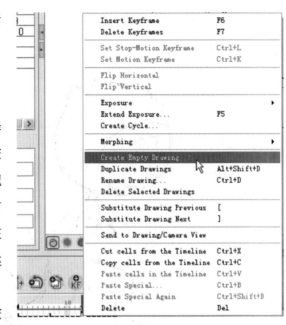

Insert Keyframe	F6
Delete Keyframes	F7
Set Stop-Motion Keyframe	Ctrl+L
Set Motion Keyframe	Ctrl+K
Flip Horizontal	
Flip Vertical	
Exposure	▶
Extend Exposure...	F5
Create Cycle...	
Morphing	▶
Create Empty Drawing	
Duplicate Drawings	Alt+Shift+D
Rename Drawing...	Ctrl+D
Delete Selected Drawings	
Substitute Drawing Previous	[
Substitute Drawing Next	]
Send to Drawing/Camera View	
Cut cells from the Timeline	Ctrl+X
Copy cells from the Timeline	Ctrl+C
Paste cells in the Timeline	Ctrl+V
Paste Special...	Ctrl+B
Paste Special Again	Ctrl+Shift+B
Delete	Del

图4—3—4

点击视图上方的洋葱皮按钮 ，此时同时显示这3帧的画面（见图4—3—5）。

图4—3—5

步骤6 移动第13帧画面内容的位置，使第13帧中角色的后脚脚尖对齐第1帧中角色的前脚脚尖。修改画面，绘制第13帧画面内容（见图4—3—6）。

图4—3—6

步骤7 以同样的方法把第7帧的内容拷贝到第19帧中，对齐脚的位置。修改画面，绘制第19帧画面内容，完成第19帧原画（见图4—3—7）。

图4—3—7

步骤8 第25帧与第1帧的姿态完全相同，只是脚的位置不同。把第1帧画面内容拷贝过来，成为第25帧画面内容（见图4—3—8）。

到目前为止，角色走路的一个完整步伐绘制完毕。打开摄影表视图，检查绘制后的摄影表排列状况。在Xsheet视图中的画面序号排列应该如图4—3—9所示。

图4—3—8

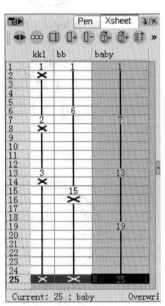

图4—3—9

 **绘制动画**

步骤1 在第3帧的位置添加一个空的Drawing，参照第1帧与第7帧打开洋葱皮功能的设置，绘制第3帧画面内容（见图4—4—1）。

步骤2 按照同样的方法绘制第10帧画面内容（见图4—4—2）。

步骤3 拷贝第3帧画面内容到第16帧中，更改位置和腿的前后顺序，绘制出第16帧画面内容（见图4—4—3）。

步骤4 拷贝第10帧画面内容到第22帧中，更改位置和腿的前后顺序，绘制出第22帧画面内容（见图4—4—4）。

图4—4—1   图4—4—2

图4—4—3   图4—4—4

任务5   **清稿描线**

5.1   清稿描线

新建一层，用铅笔工具为刚才画的原动画草图清稿。

步骤1   在Timeline视图中，点击创建新层按钮 **+**，在Add Elements对话框中输入新层的名称baby_clean（见图4—5—1）。

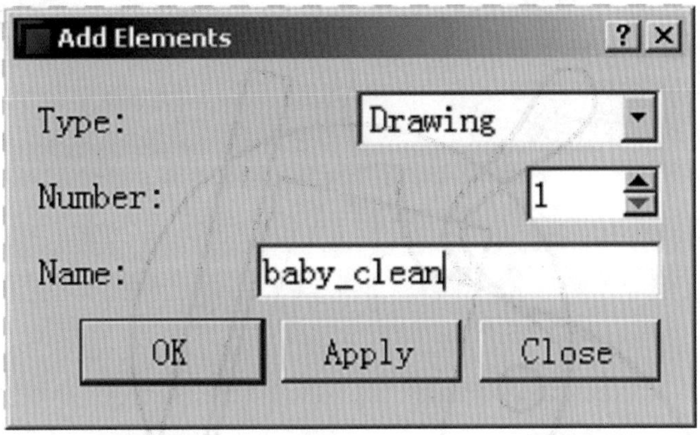

图4—5—1

步骤2 把baby_clean层放在baby_draft层的上层。点击baby_clean的第1帧，在Drawing视图中，选择铅笔工具；在笔刷视图中调节笔头大小；打开Drawing视图的透光台，为第1帧画面清稿（见图4—5—2）。

图4—5—2

在清稿或者绘画的过程中，可以借助绘画圆盘来辅助绘画。按住Ctrl+Alt键，使用绘画圆盘工具旋转画面；使用快捷键Shift+M可恢复视图（见图4—5—3）。

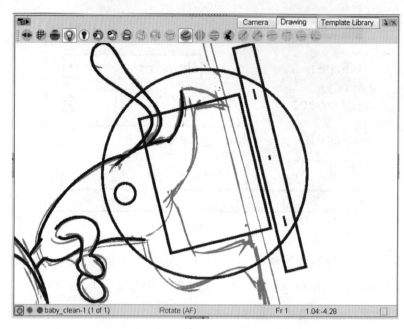

图4—5—3

步骤3 使用铅笔工具把整个角色的轮廓描下来。

步骤4 进行线条调整。

Harmony提供了很好的矢量线条调整工具，我们可以将线条的端点和弧度加以调整：删掉多余的端点，添加必要的控制点，调整线条的弧度使之更加圆滑。经过一系列的线条修整，完成最后的线稿。

5.2 线条修整

5.2.1 删掉多余的端点

在两条线交叉的地方往往会有多余的端点出现，删掉这些端点可以使画面更加完善。

使用轮廓编辑工具 在端点处画一个圈，此时端点被选择，以白色小方框显示（见图4—5—4）。点击键盘上的Delete键，即可删去多余的端点。

图4—5—4

5.2.2　连接未封闭线条

绘制时，往往会有线条的端点间留有间隙，此时需要放大显示，把未连接的端点连接在一起，便于后续填色。

放大视图，使用轮廓编辑工具，点击选择线条的端点，拖动到需要连接的线条上去，松开鼠标之后，两根线条将连接在一起（见图4—5—5）。

图4—5—5

5.2.3　调节线条弧度

初次描绘的线条通常不是很规整，曲线也不是很圆滑。在使用铅笔工具绘制之后，继续调整线条的弧度，使之更加圆滑、更加规整。

放大视图，使用轮廓选择工具，点击并且拖动线条的中间部分可以调整线条的弧度，结合端点的调节手柄，使画面中的曲线更加圆滑、更加准确。此时可以打开透光台，以下层作为参照调节角色的造型（见图4—5—6）。

图4—5—6

5.2.4　调整其他画面

依照同样的方法为其他画面清稿。清稿之后的画面简洁，线条平滑，满足最终输出的要求。在清稿过程中，可以修改画面的位置和造型的细节。图4—5—7是清稿前后的画面对比。

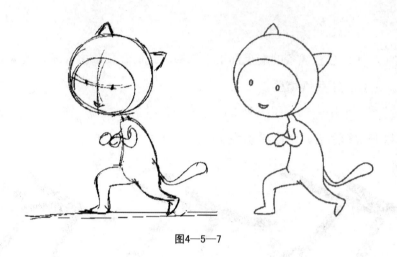

图4—5—7

任务6　画稿上色及修整

6.1　画稿上色

步骤1　打开Colour视图，在Colour视图中新建一个当前场景的调色板。点击视图中的添加调色板按钮添加一个调色板，命名为baby_palettes（见图4—6—1）。在此调色板中分别创建角色的身体、头部和脸部的颜色。

绘制和描线的过程中，往往存在线条没有封闭的情况。一个非封闭区域是不能填色的。Harmony软件提供了自动封闭缺口的功能，在填色的时候，系统会自动封闭缺口。

步骤2　选择菜单Drawing>Auto Gap Closing>Close Large Gap（见图4—6—2）。

图4—6—1

步骤3 在油漆桶工具按钮上选择按钮，然后在角色相应区域划动，即可为相应区域填色（见图4—6—3）。

步骤4 创建名为body的颜色填充角色的身体部分，创建名为head的颜色填充角色的头部，创建名为face的颜色填充角色的脸部（见图4—6—4）。

图4—6—2

图4—6—3　　　　　　　　　　　图4—6—4

6.2　上色修整

在给脸部上色的过程中，发现眼睛也同时被填充了脸部的颜色，这是因为描绘眼睛的线没有封闭，也没有被自动封闭。填色的过程中也可能遇到线条的空隙过大、不能自动封闭的情况，此时需要用描边工具把空隙补上。

步骤1 点击Paint按钮，选择下拉菜单中的Stroke按钮（见图4—6—5）。

步骤2 放大画面，点击键盘上的K键，打开描边显示，使用描边工具把眼睛的空隙补上

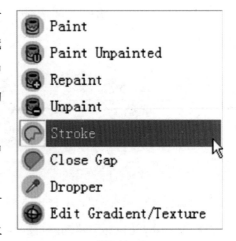

图4—6—5

（见图4—6—6）。

步骤3 用油漆桶工具在封闭之后的眼睛区域里填色，按照此方法给所有图片的眼睛填色（见图4—6—7）。

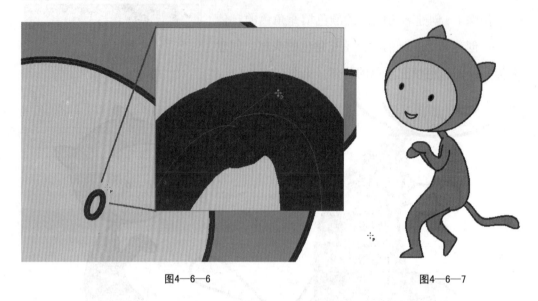

图4—6—6   图4—6—7

任务7 添加定位钉

一个层中的原画和动画绘制完成之后，需要把它们连接在定位钉上，便于组合场景和移动。

点击Timeline视图中的添加定位钉按钮，添加一个父级定位钉（见图4—7—1）。

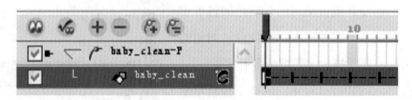

图4—7—1

此时baby_clean层作为baby_clean-P的子物体存在，由定位钉baby_clean-P的移动带动baby_clean层移动。

任务8 场景制作

8.1 添加背景和前景

背景和前景可以通过Harmony软件绘制完成，也可以通过其他的绘画软件绘制之后导入Harmony中。

我们在Harmony中新建一层，然后运用绘画工具绘制背景和前景，具体绘制过程不再详述。

步骤1 创建背景层，层名为bg01。背景层的内容如图4—8—1所示。

图4—8—1

步骤2 创建前景层，层名为bg-pre。前景层的内容如图4—8—2所示。

图4—8—2

8.2 场景设置

把场景中的图层安排在适当的位置：背景居于角色的后面，前景居于角色的前面。在Timeline视图中拖拽图层，让它们处于正确的前后关系。这个步骤也可以通过Network视图的链接连线来完成。

在Network视图中，每一个图层或者定位钉均用一个模块来表示。

图4—8—3中的baby_clean-P为角色模块baby_clean的定位钉，将其自动链接在baby_clean模块的输入端口上，它控制着baby_clean模块的运动属性，记录着baby_clean模块的运动变换动画。

此时，Timeline视图中的图层呈现正确的前后关系。添加的前景和背景也可作适当的移动和缩放来和角色匹配。

步骤1 连接图层模块到合成模块（Composite），合成模块的左边是图层的上层，合成模块的右边是图层的下层（见图4—8—4）。

步骤2 使用视图中的移动工具 ✜ 和缩放工具 🔲，使场景大小、位置与角色相匹配。

目前，前景层和背景层只有1帧的持续时间。若要前景和背景在整个场景中持续出现，需要延长前景和背景的曝光时间，也就是让前景和背景从目前的1帧一直持续到50帧。延长曝光时间的方法是：点击第1帧的位置，然后按键盘上的"＋"，逐帧延长；也可以直接设置持续长度。

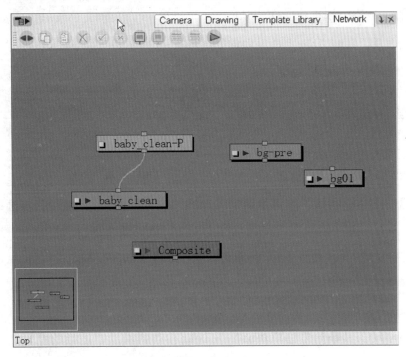

图4—8—3

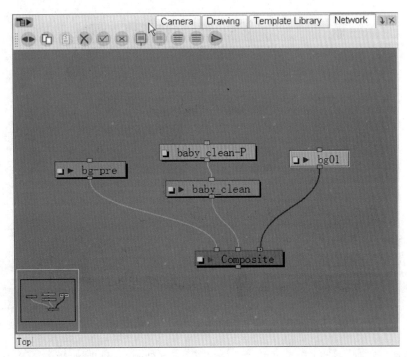

图4—8—4

步骤3 选中bg-pre层，点击第1帧，按F5键，打开持续时间设置窗口（见图4—8—5），键入50，然后点击OK。

步骤4 对bg01层进行同样的操作。

完成之后，Timeline 上所呈现的如图4—8—6所示。

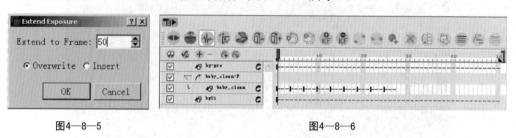

图4—8—5   图4—8—6

至此，已经绘制好了角色走路的第1步，共9幅画面。其中画面1与画面9的姿态相同，只是位置不同。若要角色继续走下去，就需要将这1~9幅画面继续重复下去，而且位置比第1步前进了1步的距离。现在通过移动和复制定位钉baby_clean-P完成走路循环。

步骤5 调整定位钉的位置。切换到Camera视图，选择baby_clean-P定位钉，使用移动工具 把角色模块baby_clean移动到场景中适当的位置（见图4—8—7）。

图4—8—7

步骤6 复制定位钉和角色层。在Timeline视图中，复制当前的定位钉和它所

连接到的角色层（新的层名以当前角色层名加"_1"表示），即按住Shift键，选择
定位钉baby_clean-P和baby_clean层，使它们以高亮蓝色显示，单击右键，选择菜
单Clone Selected Elements（见图4—8—8）。

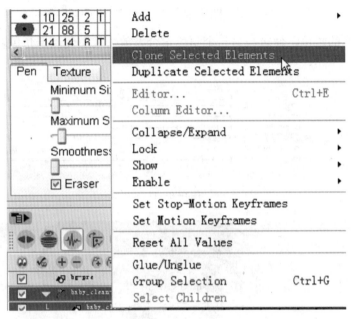

图4—8—8

baby_clean_1层的画面应该在baby_clean层结束之后开始，所以，在Timeline
上应错开两层的时间。

步骤7 错开步幅时间。点击并选择baby_clean_1层的所有画面（见图4—8—
9），向右拖动，使第1帧对齐baby_clean层的最后1帧（见图4—8—10）。

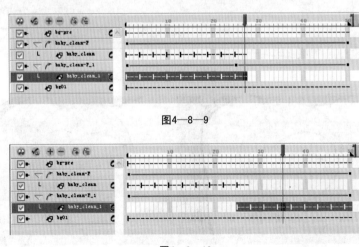

图4—8—9

图4—8—10

我们需要把复制后的定位钉baby_clean-P_1与定位钉baby_clean-P错开1步的距离，而baby_clean层的画面9应该与baby_clean_1层的画面1位置重合。

步骤8　移动第2个定位钉。点击baby_clean_1层的画面1位置之上的定位钉（见图4—8—11），此时Camera视图中显示两个角色（见图4—8—12），移动当前以高亮黄色显示的角色，使之与另一个角色重合，放大视图使两个角色精确重合（见图4—8—13）。

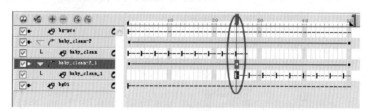

图4—8—11

图4—8—12

图4—8—13

调节之后，两个定位钉和它们所连接的角色图层处于正确的位置。

步骤9 点击视图中的Play按钮，检查场景。

渲染输出

场景可以输出为SWF、序列帧或MOV格式，在这里我们输出当前场景为MOV格式。

步骤1 选择File>Export>Quicktime Movie（见图4—9—1），打开Export to QuickTime Movie对话框，在对话框中设定输出文件的路径、影片的长度和影片的压缩编码（见图4—9—2）。

```
SWF...
QuickTime Movie...
Render Network... Ctrl+Shift+Y
OpenGL Frames...
```

图4—9—1

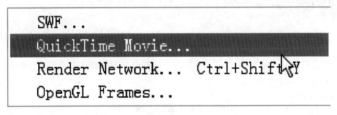

图4—9—2

步骤2　点击OK，文件开始渲染输出。

输出结束之后，在相应的文件夹下就可以看到我们制作的动画片段了（见图4—9—3）。

图4—9—3

 拓展练习

利用本项目所学知识，自制人物素材，创作一个奔跑人物的动画。相关资料参看常州纺织服装职业技术学院精品课程建设网站（http:jpkc.cztgi.cn/wzdh）。

项目 **5**

高级篇
——小猫走路

 项目概述

本项目通过制作一只"脾气猫"在家里走动并说话的动画，来实现对一个完整的角色进行切分和链接，与背景合成之后调节角色动作、生成动画的整个操作流程；同时也会讲到如何建立和调用模板库（见图5—0—1）。

图5—0—1

另外，如果角色不存在大量的柔和肢体变形动作，推荐使用切分动画方式（见图5—0—2）。切分动画采用类似于正向运动学和反向运动学的方式，可以大大缩短动画制作时间，也可以充分利用资源，便于分模块协同工作。

图5—0—2

 实训目标

通过学习角色动画拆分方法、拆分规则和技巧、关节动画设定和自动关节粘合，深入学习应用Harmony软件制作复杂的切分动画的方法。

 项目课时

30课时。

 重点难点

本章学习的重点是绘画替代、网络视图、模板库、场景设置与合成及特效模块，学习的难点是切分动画。

实训过程

进行背景绘制

本项目动画的背景共由4个绘画元素层组成。为了命名规范，将它们分别命名为room、fridge、kitchen和light。分别绘制之后，相继摆放好位置（见图5—1—1）。

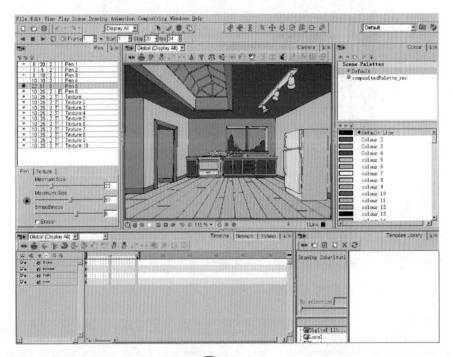

图5—1—1

建立模板

2.1 建立本地模板库目录

在模板库（Template Library）视图中，右键点击Local，选择New Folder，

在当前工程文件的库目录下建立一个子目录，在新建立的子目录上再次单击右键，选择Rename Folder，将其重命名为bg（见图5—2—1）。

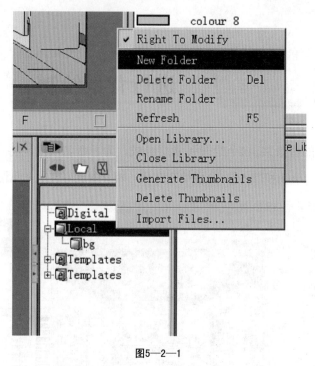

图5—2—1

2.2 将当前背景文件存储为模板

步骤1 在Network视图中，选择room、fridge、kitchen和light 4个绘画元素模块，按快捷键Ctrl+G将背景成组，点击组模块左边的黄色方块，打开组模块编辑器，将组模块重新命名为BG（见图5—2—2）。

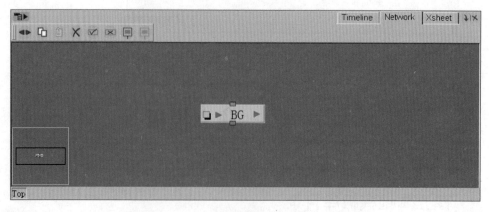

图5—2—2

步骤2 选中BG组模块，按快捷键Ctrl+C进行复制，再在模板库视图中bg目录的空白处，按快捷键Ctrl+V进行粘贴，在弹出的Rename对话框内将当前模板命名为BG（见图5—2—3）。

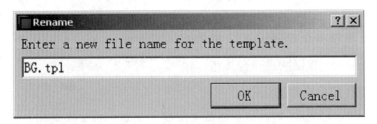

图5—2—3

步骤3 在bg目录的空白处，右键单击选择View>Thumbnails，可对当前目录下存储的模板进行缩略图的预览（见图5—2—4）。

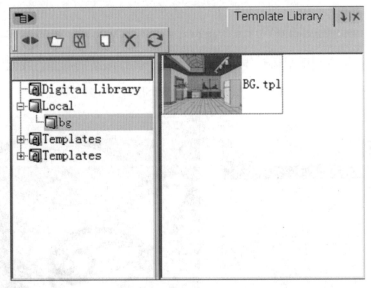

图5—2—4

 **角色绘制及整合**

3.1 进行角色头部的绘制

步骤1 新建一个场景或在当前场景下，点击Timeline窗口左上角的视图菜

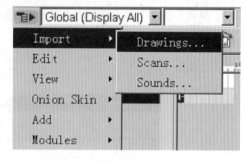

单，选择Import>Drawings导入一张之前设计好的造型稿图片（见图5—3—1），我们将载入这张造型稿图片的绘画元素层命名为cat-layout。

步骤2　新建一个绘画元素，命名为head。点击Drawing视图的透光台按钮，使用铅笔工具进行角色头部的绘制。

图5—3—1

在绘制过程中，对于需要填充颜色的区域，如果出现了未封闭的缺口，可以应用封闭缺口工具对未封闭的缺口进行封口。

步骤3　在填充颜色之前，需要点击Colour视图的Palettes>Load载入造型稿的色板，用来拾取角色的颜色，或者在Colour视图中新建一个色板，命名为cat（见图5—3—2）。

步骤4　将角色的眼睛、耳朵、嘴巴分别进行独立绘制，各自建立独立的绘画元素层，这样做有利于制作肢体动画。为了便于制作眼睛的动画，我们将眼眶、眼珠、眼皮各自单独建立绘画元素层（见图5—3—3）。

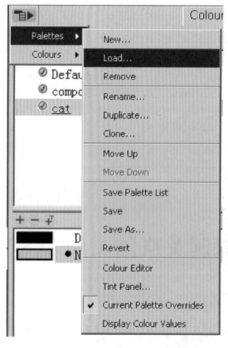

图5—3—2

图5—3—3

步骤5 在绘制肢体元素的过程中，注意及时调整绘画元素的坐标点。以头部为例，绘制完头部之后，在Drawing视图中选择选择工具，按住Ctrl键后单击画布，重新定位坐标点。然后，在模块属性视图里，选择Use Drawing Pivot将重新定位的坐标点应用（见图5—3—4）。诸如此法，对所有的绘画元素都重新定位坐标点。

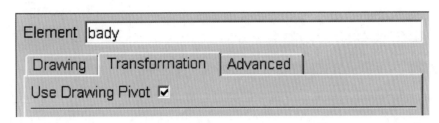

图5—3—4

对于眼睛和嘴巴，现在就要绘制足够多的绘画替代，为以后的眨眼动画和口型同步动画作好准备。

步骤6 新建一个eye-l-p左眼绘画元素层，在第1帧的位置绘制睁开眼皮的形状（注意与眼睛的匹配）。然后，在当前绘画元素层的第2帧或者后面的随便1帧绘制闭眼的眼皮形状（见图5—3—5）。

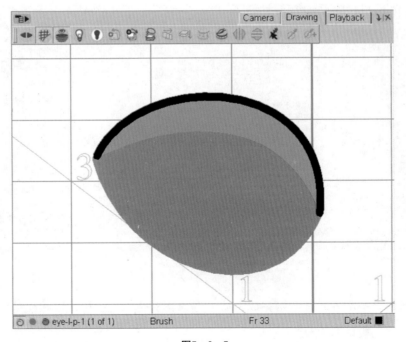

图5—3—5

注意观察Timeline视图中的绘画替代调板，可以发现，刚才绘制的两种眼皮形状，Harmony自动以1、2来命名，并存储在绘画替代调板中（见图5—3—6）。

步骤7 按相同的方法完成张嘴和闭嘴形状的绘制工作。

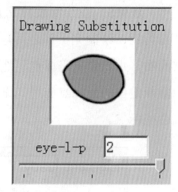

图5—3—6

3.2 进行头部的层级链接

步骤1 在Network视图中选择head模块，按快捷键Shift+P为当前模块建立一个父级定位钉，这个绿色的名为head-P的定位钉自动链接在head模块的输入端口上（见图5—3—7），它控制着head模块的运动属性，记录着head模块的运动变换动画。

步骤2 诸如此法，为眼睛、耳朵分别加上定位钉模块，如图5—3—7所示进行子父级链接。嘴、耳朵和眼睛都链接到头部，耳朵和眼睛单独加上定位钉，所有的头部元素全部链接至一个新添加的合成模块Composite中。

所有的定位钉模块都向上链接到head-P定位钉模块上（见图5—3—7），这个模块控制着头部整体的运动变换动画。

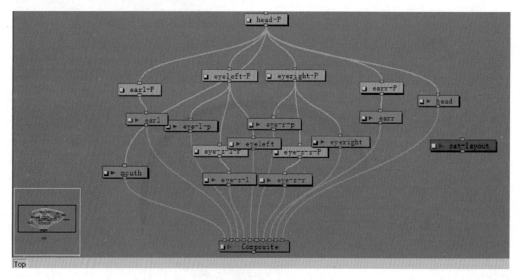

图5—3—7

步骤3 头部各元素链接完成之后，选择所有头部元素模块，按快捷键Ctrl+G成组，并将组模块名称改为head。

3.3 进行角色身体及四肢的绘制

仍以cat-layout绘画元素层为参考层，打开透光台，准备绘制角色的身体和四肢。

步骤1 新建一个绘画元素层绘制身体，命名为body，绘制时注意与头部接合的部分。绘制结束后，按住Ctrl键后单击画布，对其重新定位坐标点。

步骤2 再次加入一个合成模块Composite，将head模块和body模块自左至右链接到Composite模块上。

在缺省情况下，合成模块认定链接到它的其他模块的顺序是，越靠左边的离镜头越近，即图像重叠的顺序越靠上。我们需要将头部覆盖身体，自然头部就要链接到合成模块上面靠左边的位置（见图5—3—8）。

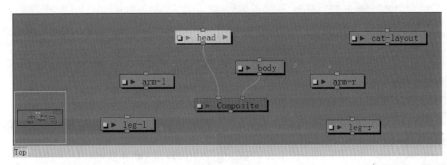

图5—3—8

步骤3 新建一个绘画元素层，命名为arm-l，在其中绘制角色的左臂（见图5—3—9）。

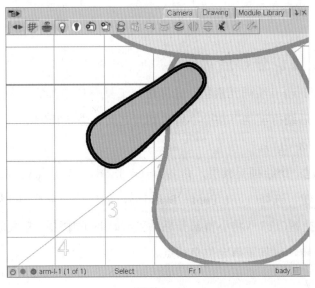

图5—3—9

如果绘制过程中应用的是铅笔工具，需要将铅笔线条转化为笔刷线条，这样做是为了保证切分之后添加粘合效果的准确性。

步骤4　用选择工具选择左臂图像的黑色描边之后，点击右键，选择Convert>Pencil Lines to Brush，将当前的铅笔线描边线条转化为笔刷线条（见图5—3—10）。

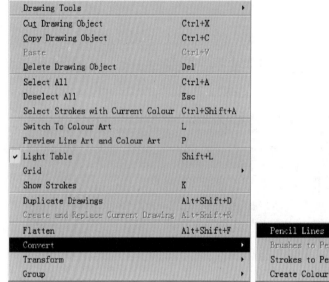

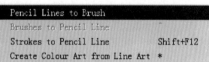

图5—3—10

步骤5　新建一个绘画元素层，命名为hand-1，在其中绘制角色的左手，调整相应位置。

3.4　进行左臂切分和层级链接

步骤1　进入arm-1绘画元素层，选择切分工具，从左臂的左上到右下，像用刀切一样划下，之后绕行至切下整个小臂。切开之后，按快捷键Ctrl+X剪切下小臂部分备用（见图5—3—11）。

步骤2　新建一个绘画元素层，命名为arm-1-do，作为下臂。在其时间线上第1帧的位置点击右键，选择Creat Empty Drawing，创建一个空的图像帧（见图5—3—12），然后按快捷键Ctrl+V将小臂部分粘贴到arm-1-do中去。粘贴完成之后，按住Ctrl键后单击画布，对其重新定位坐标点。

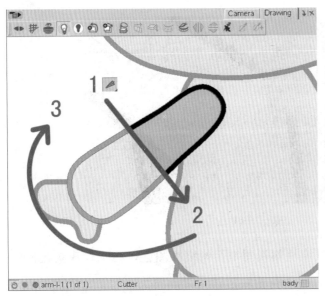

Insert Keyframe	F6
Delete Keyframes	F7
Set Stop-Motion Keyframe	Ctrl+L
Set Motion Keyframe	Ctrl+K
Flip Horizontal	
Flip Vertical	
Exposure	▶
Extend Exposure...	F5
Create Cycle...	
Morphing	▶
Create Empty Drawing	
Duplicate Drawings	Alt+Shift+D
Rename Drawing...	Ctrl+D
Delete Selected Drawings	
Substitute Drawing Previous	[
Substitute Drawing Next	]
Send to Drawing/Camera View	
Cut cells from the Timeline	Ctrl+X
Copy cells from the Timeline	Ctrl+C
Paste cells in the Timeline	Ctrl+V
Paste Special...	Ctrl+B
Paste Special Again	Ctrl+Shift+B
Delete	Del

图5—3—11　　　　　　　　　　　　　图5—3—12

步骤3　将原来的arm-1模块改名为arm-1-up，作为上臂。选中上臂模块arm-1-up，按快捷键Shift+P为当前模块建立一个父级定位钉，诸如此法为下臂模块arm-1-do和手模块hand-1也建立父级定位钉，准备进行链接操作。

步骤4　如图5—3—13所示链接整个手臂绘画元素的定位钉：手链接到下臂，下臂链接到上臂，上臂链接到身体。

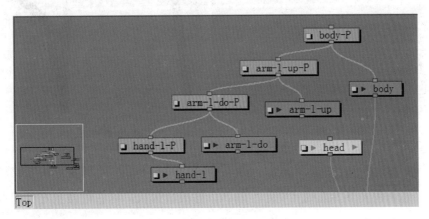

图5—3—13

3.5　进行关节粘合与接缝修补

链接完成之后的手臂在进行下臂旋转时，发现肘部有缺口（见图5—3—14），这时可加入Glue粘合模块进行关节粘合。

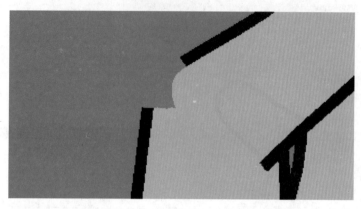

图5—3—14

步骤1 将Glue粘合模块从模块库视图拖至网络视图中，将上臂模块链接到Glue模块最右边的输入端口上，将下臂模块链接到Glue模块右起第二个输入端口上。再加入一个合成模块，以图5—3—15的方式进行整体手臂模块的链接。

经过这样处理之后的关节不再有缺口，但是关节内部仍然有接缝（见图5—3—16），这时就需要添加一个"补丁"来遮盖关节内部的接缝。

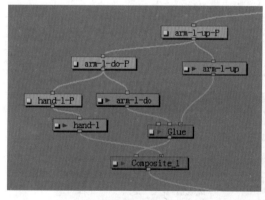

图5—3—15

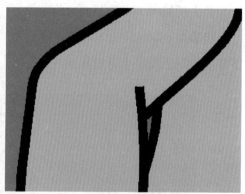

图5—3—16

步骤2 新建一个绘画元素层，命名为arm-1-patch，绘制或者从上臂复制出一个能够遮盖住关节内部的"补丁"物体，修改其形状，将它链接到上臂的定位钉上。这个"补丁"将随上臂一起运动变换，并且时刻起到遮盖关节内部的接缝的作用（见图5—3—17）。带有粘合模块和补丁模块的手臂整体链接方式如图5—3—18所示。

步骤3 链接完成后，选择所有手臂模块，按快捷键Ctrl+G将其成组，并将组模块名称改为arm-1（见图5—3—19）。

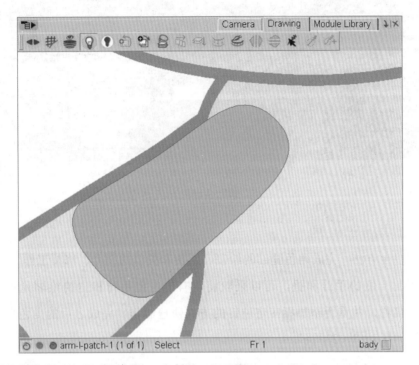

图5—3—17

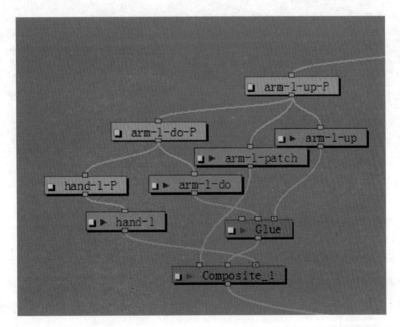

图5—3—18

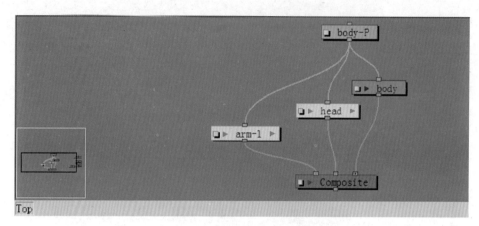

图5—3—19

3.6 完成角色搭建

按照以上方法，完成角色腿部的绘制、链接和关节的粘合、修补工作。

对于另一侧的手臂和腿，可以采取将现有的左侧手臂和腿的绘画元素进行复制，修改名称，并重新添加相应定位钉的方式快速制作。完成之后的角色全貌和其网络链接如图5—3—20所示。

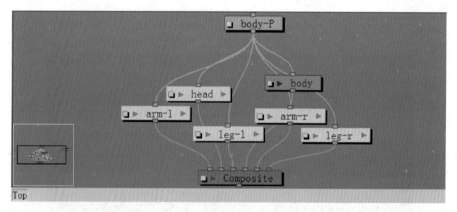

图5—3—20

3.7 对角色进行整理

对角色进行最后的整理和检查，对大腿根部和上臂根部的接缝再次进行修补，方法与为关节加补丁进行遮盖的方法相同。

步骤1 如图5—3—21所示，用两个色块分别遮挡住上臂和腿部与身体的接缝，使肢体之间的接合更自然。头部与身体之间的接缝因为形象设计的需要，不需要再加补丁遮挡。

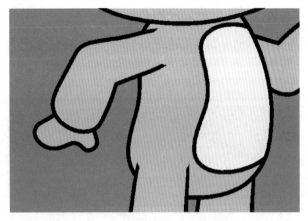

图5—3—21

步骤2 选择所有与角色相关的模块，按快捷键Ctrl+G使其成组，并将组模块名称改为cat。

任务4 场景设置

将角色存储为模板库文件，并进行场景设置。

步骤1 在Network视图中选择cat模块，直接复制粘贴到当前工程目录的模板库目录Local下，命名为cat03，可以打开缩略图察看结果（见图5—4—1）。

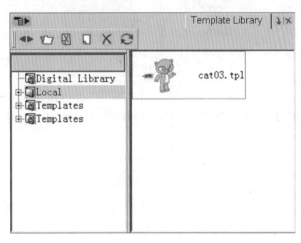

图5—4—1

步骤2　在模板库视图中，找到之前存储背景的位置，找到bg目录里的BG背景，直接拖至网络视图中，为网络视图添加一个合成模块，再为cat模块添加一个定位钉模块cat-p（见图5—4—2），以如图5—4—3所示的方式进行链接，完成角色与背景的合成。

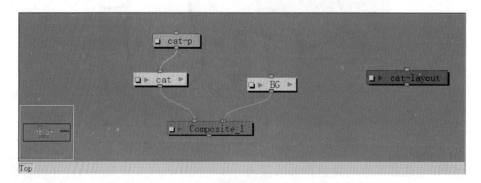

图5—4—2

图5—4—3

步骤3　选中cat-p定位钉模块，使角色处于高亮黄色显示，使用变换工具，对角色的大小进行调整，使其与背景匹配。变换过程中，按Shift键可以限制角色进行等比例的缩放（见图5—4—4）。

图5—4—4

任务5 为角色添加特效

为丰富画面效果，接下来为角色添加投影特效。

步骤1 从模块库视图向网络视图中拖入一个Shadow投影模块，再拖入一个Offset-Position-Legacy位移保留模块。从cat模块的输出端口引出一条链接线到Shadow投影模块上，再将Shadow投影模块链接到Offset-Position-Legacy位移保留模块右边的输入端口上。

这时，投影其实已经产生了，但由于被角色自身重叠遮挡，所以不易发现。

步骤2 添加一个Quadmap自由变形模块到Offset-Position-Legacy位移保留模块右边的输入端口上，达到调整投影形状的目的。

步骤3 依照图5—5—1所示的链接方式，选中Quadmap模块，在Camera视图中，按C键会看到一个由8个点组成的变换操纵器。使用动画工具栏的选择工具，可以对这个操纵器上的点进行位置调整，达到修改投影形状的目的。

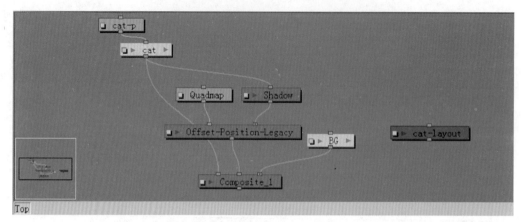

图5—5—1

步骤4 将角色的投影修改成向下略带倾斜的形状（见图5—5—2）。

图5—5—2

　　步骤5 点击Camera视图中的■按钮进行测试渲染，发现投影的颜色过浅，点击Network视图中Shadow投影模块左边的黄色方块，打开投影编辑器，点击投影编辑器下方的颜色拾取器，将当前颜色加深一些（见图5—5—3）。

　　步骤6 再次点击Camera视图中的■按钮进行测试渲染，检查投影的颜色深浅是否达到要求（见图5—5—4）。

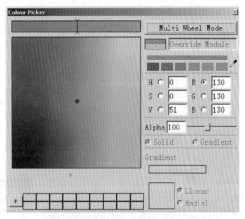

图5—5—3

图5—5—4

 为角色添加动画

6.1 为角色添加行走动画

场景设置和简单的特效都已经设置完成，接下来可以开始为角色添加动画了。

角色的肢体动画的调节主要使用动画工具栏中的变换工具，通过这些工具对角色四肢的动作进行调整，配合Timeline视图中的动画指针，逐帧记录动画内容。

步骤1　点击Scene>Scene Length，打开Set Scene Length对话框设置场景时间长度（见图5—6—1）。我们设置为120帧，即为5秒（见图5—6—2）。

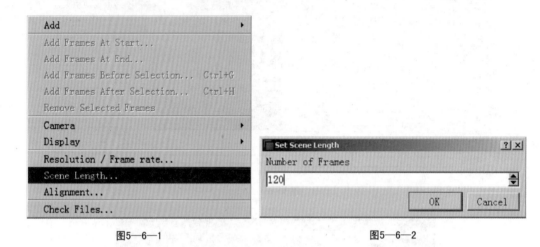

图5—6—1　　　　　　　　　　　　　　　　　　图5—6—2

步骤2　对所有物体做帧的延展，即让所有物体在这5秒内均可见。将时间指针拖动到最后1帧，用鼠标左键从上至下拖选所有绘画元素层的最后1帧，按F5键，进行所有绘画元素帧的延展（见图5—6—3）。

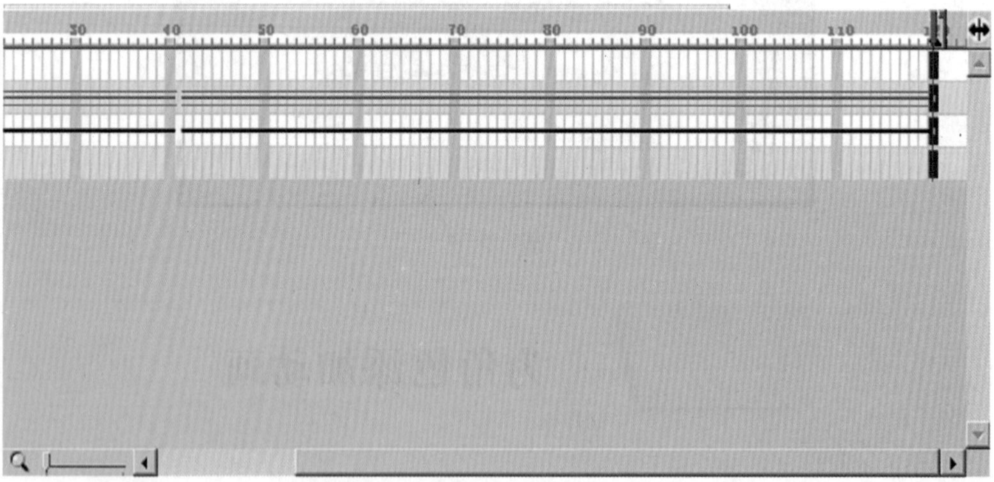

图5—6—3

步骤3　保证时间线上的指针位于第1帧的位置，使用动画工具栏中的移动工具，按住Ctrl键在摄影机视图中点击角色身体，使整个角色以高亮黄色显示，通过移动确定角色整体的初始位置，再将时间线上的指针移至最后1帧的位置，通过移动工具将角色移动到最后1帧角色到达的位置。操作完成之后，可以点击C键打开路径曲线查看运动路径，并细致调整运动路径曲线。

在这里，我们准备在120帧里让角色行走4步，相当于2个行走循环。调节动作时以图5—6—4作为动作指导。

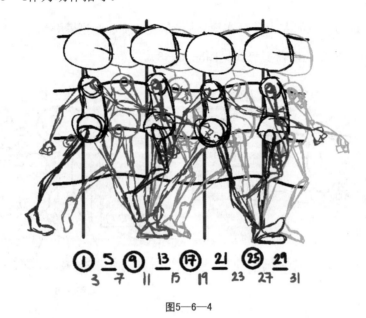

图5—6—4

步骤4 使用旋转变换工具，按Ctrl键选中角色左大腿之后，在第1帧旋转左大腿到起始位置（见图5—6—5），注意与身体的姿势配合。

步骤5 将时间指针拖动到第30帧，旋转左大腿到下一个步迹落地的位置（见图5—6—6），注意动作的合理性。

图5—6—5

图5—6—6

步骤6 拖动时间指针到第15帧，使用旋转变换工具，按Ctrl键选中角色左小腿之后，为其旋转一个角度，形成弯腿的姿势（见图5—6—7），注意动作的流畅性。

步骤7 按照以上方法，分别在第1帧、第15帧和第30帧的位置，为右大腿、右小腿添加旋转动画。

步骤8 选中角色的左上臂，在第1帧将其旋转到起始摆臂姿势，在第30帧再次旋转手臂，调节相应的摆臂姿势（见图5—6—8）。

图5—6—7   图5—6—8

步骤9 以同样的方法分别在第1帧和第30帧的位置，为角色右臂创建旋转摆臂动画。

步骤10 调节完成之后，使用播放工具栏中的功能对当前动画进行播放检测（见图5—6—9）。

◀ ■ ▶ ↻ ◁) Frame 1 ⬍ ↔ Start 1 ⬍ Stop 120 ⬍ fps 24 ⬍

图5—6—9

目前完成了角色在前60帧内的一个动作循环，角色在后60帧的动画，如手臂和腿部的动画相当于前60帧的复制，所以只需按照前面的行走运动参考图将角色手臂和腿部的动画完整复制，即将1～60帧的手臂和腿部动画完整复制到61～120帧即可。复制方法是：选中需要复制的帧，按Ctrl键的同时，将鼠标左键向后拖动，即可将当前选中的帧复制到后面的帧中。

6.2 为角色添加眼睛、耳朵、口型等二级动画

为了丰富动画效果，需要为角色添加眼睛、耳朵和口型的动画。眼睛的动画使用调用绘画替代Drawing Substitution的方式制作，耳朵的动画则采用动画工具栏的旋转工具调节，口型动画的制作采用下文讲解的方法制作。

6.2.1 眼睛动画的制作

采用调用绘画替代的方式来制作眼睛的眨眼动画。

步骤1 选中左眼，在需要制作眨眼动画的地方，即时间线上第30帧的位置，在绘画替代调板中调用"2"号绘画替代；在第32帧，保持和第1帧一样的"1"号绘画替代；滑动时间指针到第120帧，再次调用"1"号绘画替代。这样，左眼就完成了一套眨眼动画，角色将在第30帧眨眼，在第32帧完成眨眼动画，第32～120帧保持睁眼动作。效果如图5—6—10和图5—6—11所示。

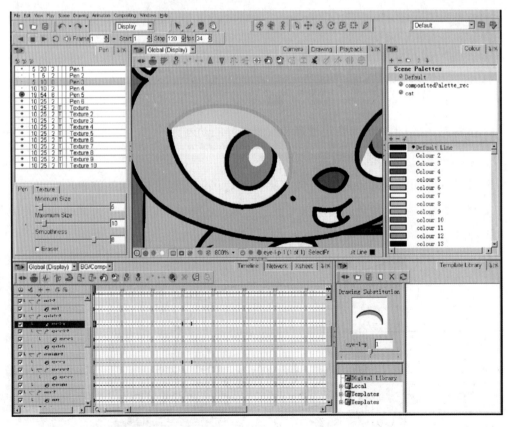

图5—6—10

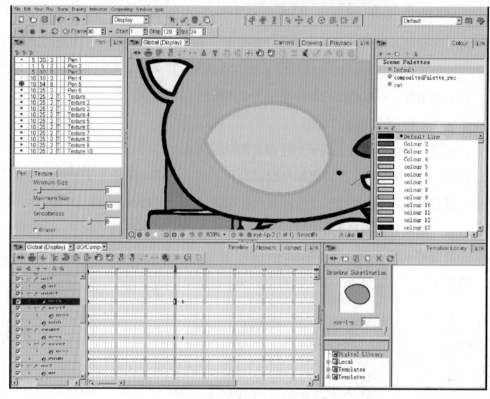

图5—6—11

步骤2 按以上方法为右眼设置和左眼一样的动画。

6.2.2 耳朵动画的制作

分别在时间线的第1帧、第30帧、第60帧、第90帧和第120帧的位置，应用动画工具栏的旋转工具对角色的头部和耳朵进行相应的旋转操作，即可为其记录动画内容（见图5—6—12）。

图5—6—12

6.2.3 口型动画的制作

口型动画的制作采用以下方法制作（见图5—6—13）。

图5—6—13

步骤1 载入一段音频素材，注意路径名称使用英文（见图5—6—14）。

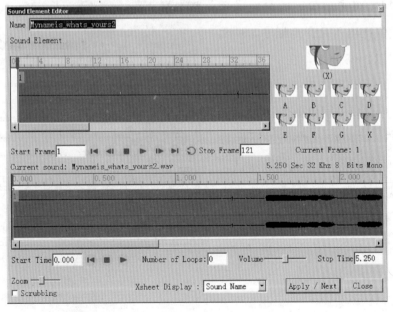

图5—6—14

步骤2　在这段音频素材层上双击鼠标左键，打开音频元素编辑器，在音频元素对话框中单击右键，选择Auto Lip-Sync Detection自动进行口型同步运算（见图5—6—15）。

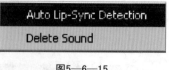

图5—6—15

步骤3　在律表视图中，找到音频素材律表层Mynameis_whats_yours2.wav，单击右键，选择Lip-Sync>Map Lip-Sync（见图5—6—16），打开Lip-Sync Mapping对话框，将目标元素选择为mouth，即选择角色的嘴巴所在层。

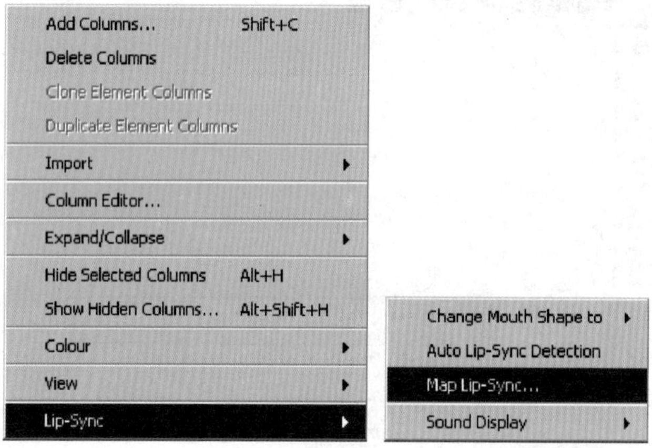

图5—6—16

步骤4　将先前绘制的角色嘴部绘画替代依次填入元音匹配中。嘴部绘画替代以1～8命名，在A～G及X的位置填入1～8（见图5—6—17），选择OK即可应用口型同步操作。

步骤5　在播放工具栏中选择 ▶ 按钮进行音频播放预览，点击播放测试，即可发现角色的口型动画已自动生成，并且与音频素材自动同步。

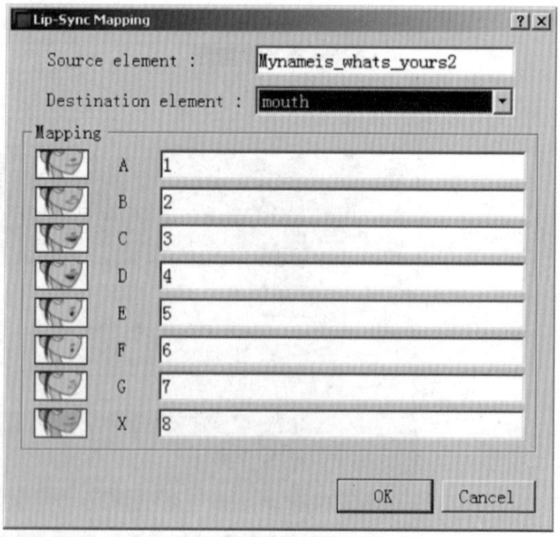

图5—6—17

任务7 动画测试渲染与最终输出

步骤1 从模块库视图中拖入一个显示模块到网络视图中，将它链接至场景最终的合成模块上（见图5—7—1）。

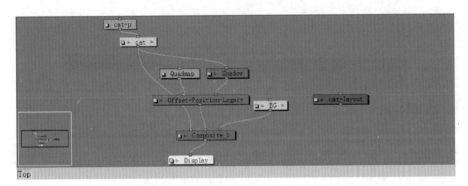

图5—7—1

步骤2 动画调节完毕，点击Camera视图中的箭头，调出Playback回放视图。在这个视图中，点击 █ 按钮载入当前显示模块的内容进行预渲染。待渲染完成后，可以点击播放按钮进行动画测试，观察是否有问题（见图5—7—2）。

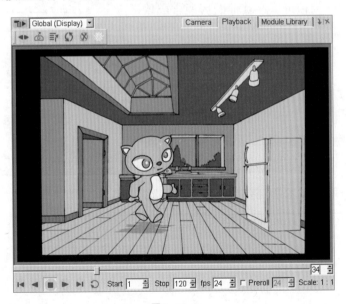

图5—7—2

经过播放测试和检查，没有问题的动画片可以进行最终的渲染输出。

步骤3 点击File>Export进行输出选择，这里选择OpenGL Frames来输出图像序列（见图5—7—3）。

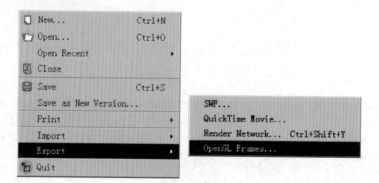

图5—7—3

在打开的序列帧对话框中，选择All选项，将当前120帧全部输出，Drawing Type选项选择TGA格式（见图5—7—4）。

提示：注意输出路径的问题，Location选项要求使用英文路径名称。

至此，这个"脾气猫"的行走动画制作完成了，输出的序列帧可以在其他的后期合成软件中进行再编辑。

 拓展练习

运用本项目所学知识，以图5—0—1中的小猫造型为基础创作动作动画。相关资料参看常州纺织服装职业技术学院精品课程建设网站（http://jpkc.cztgi.cn/wzdh）。

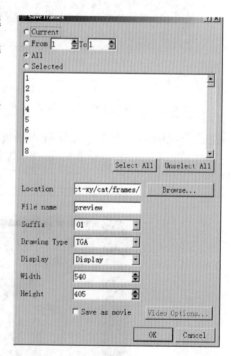

图5—7—4

项目6

综合篇
——机械手臂

 项目概述

在动画制作中，针对角色的动作或者机械类的运动，我们会给物体做父子链接的骨架，用父物体的运动带动子物体的运动。这种父物体运动带动子物体运动的运动方式叫做正向动力学。与正向动力学相反，反向动力学是依据子关节的最终位置和角度反求出整个骨架的形态。它的特点是工作效率高，大大减少了需要手动控制的关节数目。

本项目通过一台挖掘机在角色的操控下行驶的例子来学习Harmony中的反向动力学内容。

 实训目标

能熟练切分动画，掌握反向动力学动画原理。

 项目课时

38课时。

 重点难点

本章重点和难点是利用Harmony的反向动力学模块制作复杂的肢体关节动画的技术和技巧。

实训过程

任务 **1**   绘制素材

步骤1   在Harmony中新建一个长度为125帧、分辨率为540×405、帧率为25的项目。

步骤2   在Harmony中建立不同的层，逐个绘制各个绘画元素（见图6—1—1）。

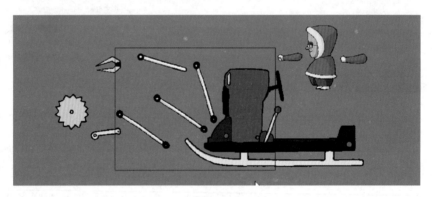

图6—1—1

步骤3   在Timeline视图中，按照一定的规律，以不同的名称给这些元素命名，便于之后的管理和调整。如将挖掘臂A命名Agrab-0、Agrab-1、Agrab-2和Agrab-3（见图6—1—2）。

图6—1—2

设置素材轴心点

因为要做链接和旋转，所以要预先设置好绘画元素的轴心点。在缺省情况下，轴心点在画面中心。

步骤1 选中L-arm层，按快捷键Ctrl+E打开Element对话框，在Transformation标签中勾选Use Drawing Pivot（见图6—2—1）。

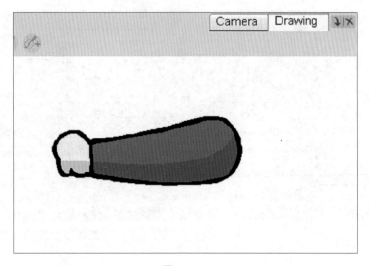

图6—2—1

步骤2 切换到Drawing视图，按住Ctrl键，在预设定为轴点的位置点击，蓝色十字出现的位置即为目前设定的轴心（见图6—2—2）。

图6—2—2

步骤3 按照此方法分别为所有的绘画元素设定轴心。

任务 3　定位钉链接

当绘画元素涉及位移的时候，需要给它们添加定位钉，同时也需确定各绘画元素之间的层级关系。在网络视图中，选择所有绘画元素，按快捷键Shift+P为所有绘画元素添加定位钉，按照不同绘画元素之间的相互驱动关系，并依据绘画元素的层级链接关系，将各定位钉按图6—3—1进行链接。

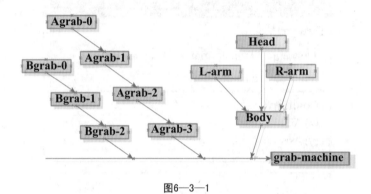

图6—3—1

挖掘机部分的链接层级关系如图6—3—2所示。

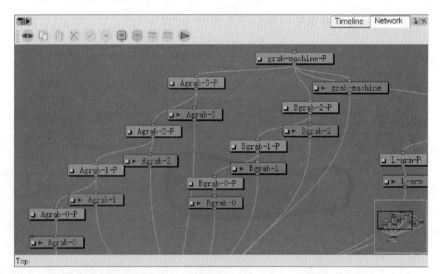

图6—3—2

人物的链接层级关系如图6—3—3所示。

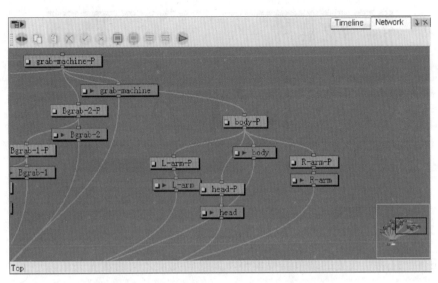

图6—3—3

场景设置

链接好层级之后，开始组合绘画元素。

步骤1 将摄影机视图与网络视图相互配合，使用移动工具，调整场景中绘画元素的位置。

组合之前各绘画元素的位置如图6—4—1所示。

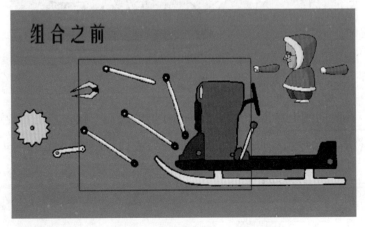

图6—4—1

组合之后各绘画元素的位置如图6—4—2所示。

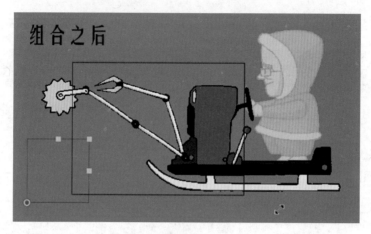

图6—4—2

还有一些场景设置的细节需要调整，如绘画元素之间的覆盖关系。

步骤2 在网络视图中，链接至Composite模块左边的绘画元素居于上层，链接至Composite模块右边的绘画元素居于下层。通过调整Composite模块上的连线次序，达到如图6—4—3所示的效果。

图6—4—3

步骤3 在时间线上点击grab-machine-P层的最后一帧，点击右键选择Extend Exposure，将所有绘画元素的持续长度扩展为当前长度125帧（见图6—4—4）。

图6—4—4

任务5 运用反向动力学

步骤1 在IK工具条中，按下反向动力学工具按钮，按住Ctrl键点击最末端的元件，此时在具有层级关系的元件之间出现红色的骨骼关节链（见图6—5—1）。

图6—5—1

步骤2 使用反向动力学工具任意拖动末端的元件，可以看见此时末端元件控制了其父级的若干个元件（见图6—5—2）。

图6—5—2

任务6 创建IK动画

IK链接建立之后，在时间线上的不同时刻分别拖动末端的元件，就可以设定整个挖掘臂的动作了。

　　但是，在设置挖掘臂运动之前，我们需要阻止挖掘车的旋转。因为在缺省情况下，拖动末端的挖掘轮，会致使挖掘车轻微地旋转（见图6—6—1），这是我们不希望看到的。

图6—6—1

　　解决办法是：锁定挖掘机的旋转，或者锁定挖掘臂Agrab-3-P的位移。这里我们锁定挖掘臂Agrab-3-P的位移。

　　步骤1　在Network视图中点击定位钉Agrab-3-P，此时整个挖掘臂呈被选中状态（高亮黄色）。点击IK工具条中的位移约束按钮，此时Agrab-3-P的轴点变为黄色实心点（见图6—6—2），该定位钉的位移被锁定。

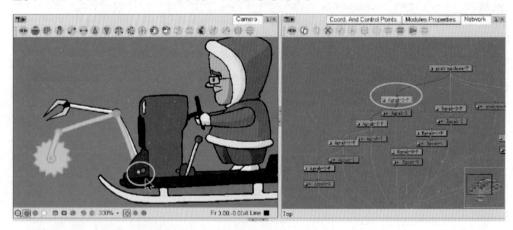

图6—6—2

　　锁定之后再拖动末端的挖掘轮，就不会使挖掘机旋转了。

步骤2 在Timeline视图中，在第1帧拖动挖掘轮到A位置，在第10帧拖动挖掘轮到B位置，在第20帧拖动挖掘轮到A位置，在第30帧拖动挖掘轮到B位置（见图6—6—3）；以此类推，设置好挖掘轮的位置。最终动画的效果是，挖掘轮不断地带动其父级的挖掘臂运动。

图6—6—3

步骤3 在时间线上的不同时刻改变元件的位置，软件会自动记录关键帧，并在关键帧之间形成动画。在完成上述移动之后，时间线上以红色显示设定的关键帧（见图6—6—4）。

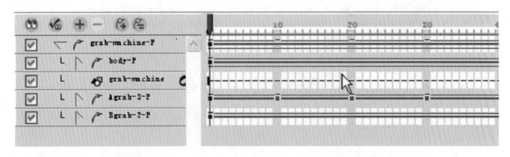

图6—6—4

在时间线上，如果需要动作循环，可采用拷贝和粘贴关键帧的方式实现。

步骤4 在Timeline视图中，选中需要循环部分的关键帧（见图6—6—5），选择Edit>Copy cells from the Timeline（见图6—6—6）；或者按快捷键Ctrl+C拷贝这些关键帧。把红色时间标尺移动到循环的开始处，点击当前的Agrab-3-P元素层，按快捷键Ctrl+V粘贴这些关键帧（见图6—6—7）。

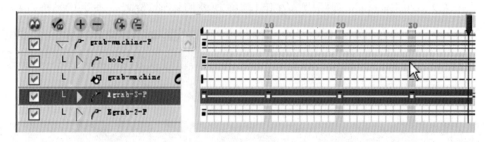

图6—6—5

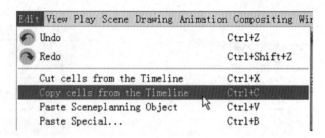

图6—6—6

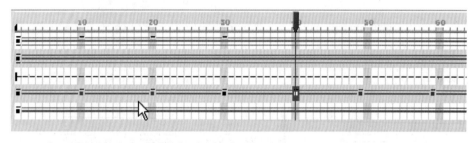

图6—6—7

完成之后，挖掘机的挖掘臂就会在图6—6—3中的A位置和B位置之间循环。

任务7　设定旋转约束

现实中很多机械或者骨骼的运动会运用到反向动力学原理，但并非每个元件的旋转都是无限制的。正如人的胳膊不可能转到肩膀的背面去一样，在IK的运用中经常会使用旋转角度约束功能。

提示：旋转约束必须在创建动画之前设定，否则可能出现动作紊乱。在这里我们先删掉刚才为Agrab-3-P所做的动画。

步骤1 在Network视图中选中定位钉Agrab-3-P，按快捷键Ctrl+E打开定位钉属性窗口，在Angle后的曲线编辑位置点击（见图6—7—1），打开如图6—7—2所示的下拉菜单，在下拉菜单中选择Local项。

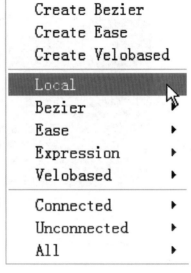

图6—7—1

图6—7—2

这个操作删除了定位钉Agrab-3-P自旋转属性上的动画，并把角度恢复到0°。此时定位钉Agrab-3-P与挖掘机grab-machine-P之间的位置关系被重置，回到了刚刚链接好的初始位置（见图6—7—3）。

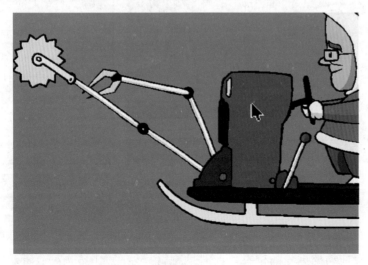

图6—7—3

步骤2　在Network视图中选中定位钉Agrab-3-P，在IK工具条中点击角度约束按钮 ，此时在Agrab-3-P的轴心点出现绿色和红色的手柄（见图6—7—4）。

图6—7—4

步骤3　设定定位钉Agrab-3-P期望旋转的范围（见图6—7—5），按快捷键Ctrl+E打开定位钉属性窗口，在Min Angle和Max Angle中分别输入-40与40，点击Close关闭窗口（见图6—7—6）。

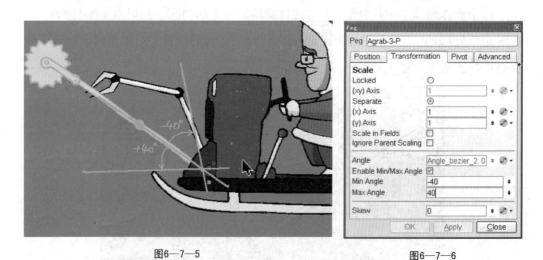

图6—7—5　　　　　　　　　　　　图6—7—6

步骤4　设定好旋转角度之后，测试一下。在Camera视图中，按Ctrl键点击末端的挖掘轮，拖动挖掘轮的位置，此时挖掘臂只能在如图6—7—7所示的范围内旋转。旋转约束功能限定了Agrab-3-P的旋转角度。

图6—7—7

对挖掘臂的角度限定设置完成了，结合之前提到的位置约束功能，为动画角色设置全部的IK链接和位移与旋转约束。

任务**8** **IK关键帧约束**

Harmony提供了一种方法，在设定了反向动力学运动之后，把一定时间区间内元件的动作固定下来，以便于区间外其他动作的调整。

步骤1 如图6—8—1所示，选中定位钉grab-2-P，把时间线上的滑杆滑到第61帧的位置，点击IK工具条上的开始设定约束按钮 ，记录第61帧时的关键帧状态；把时间线上的滑杆滑到第76帧的位置，点击IK工具条上的结束设定约束按钮，此时时间框内显示锁定的时间区间为第61～76帧。

在此时间区间内，整个grab-3-P的运动和旋转处于锁定状态，时间线上出现关键帧的提示（见图6—8—2）。

定位钉grab-2-P的上级，即grab-3-P的旋转被逐帧设定了关键帧，设定的时间

区间第61～76帧之内的运动被固定下来。

图6—8—1

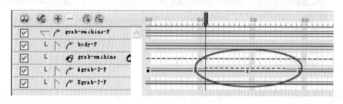

图6—8—2

步骤2 在选中grab-3-P的情况下，按快捷键Ctrl+E，在Transformation标签内点击Angle后的曲线编辑器，打开Bezier Editor窗口，可以看见旋转曲线上的关键帧（见图6—8—3）。

逐帧设置了关键帧的定位钉之后，它们的运动就被固定下来了。而在这段时间区间之外，可以继续按照通常的方法设置关键帧。

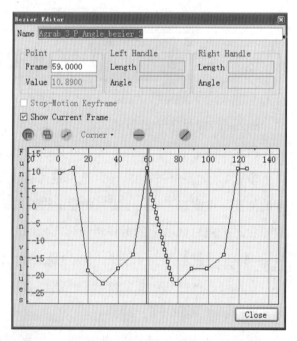

图6—8—3

完善场景

本任务的前景与背景图像如图6—9—1和图6—9—2所示。

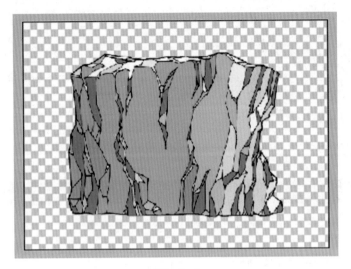

图6—9—1

图6—9—2

步骤1 把两幅图像分别导入场景中，并作大小和位置的变化（具体步骤参见项目3任务3）。通过合成模块上连接次序的调整完成场景，最终结果如图6—9—3所示。

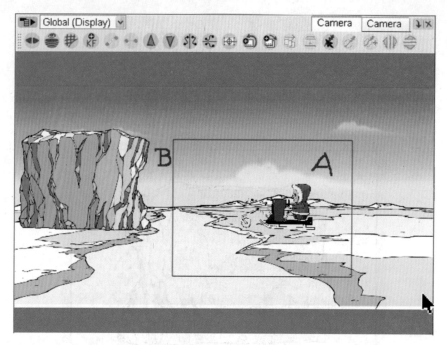

图6—9—3

在此场景中，我们让爱斯基摩人驾驶挖掘车从A点运动到B点，并在B点停留一会儿。

步骤2　在Timeline视图中第1帧的位置选中grab-machine-P定位钉，移动整个挖掘车到A点；在Timeline视图中第100帧的位置选中grab-machine-P定位钉，移动整个挖掘车到B点。这样就形成了挖掘车移动的动画。

任务**10**　设置移镜头动画

步骤1　在模块库里选择Camera模块，拷贝、粘贴至Network视图中，并给这个Camera模块添加定位钉Camera-P（见图6—10—1）。点击选中此定位钉，此时可以通过移动摄影机的位置来营造移镜头的动画效果。

步骤2　在Timeline视图中第1帧的位置选中Camera-P定位钉移动，使摄影机的黄色框对准画面右侧；在Timeline视图中第100帧的位置选中Camera-P定位

钉移动，使摄影机的黄色框对准画面左侧。在Camera视图中点击右键，选择Show
Control Parameters（见图6—10—2），此时场景中摄影机的移动轨迹显示出来（见
图6—10—3）。

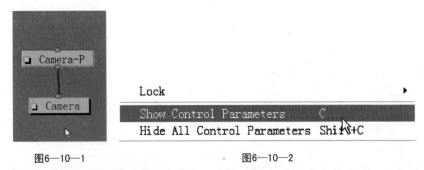

图6—10—1   图6—10—2

图6—10—3

至此完成了整个场景的动画设置。

步骤3 选择File>Export，输出场景为SWF文件，回放并且检查制作完成的SWF
文件。

 拓展练习

运用本项目所学知识，自行设计人物和背景来创作复杂动画。相关资料参看常
州纺织服装职业技术学院精品课程建设网站（http://jpkc.cztgi.cn/wzdh）。

第二部分

无纸动画
RETAS! PRO HD 模块

项目7
RETAS! PRO HD
基础认知

 项目概述

本项目是对RETAS!PRO HD软件的基本介绍。

 实训目标

要求对RETAS!PRO HD软件各模块功能有一个清晰的认知，并掌握各模块在制作动画中的任务分工、前后流程及各模块界面的简单操作。

 项目课时

8课时。

 重点难点

重点是掌握使用RETAS!PRO HD软件4个模块制作动画的先后流程，以及无纸绘画模块对绘制动画各环节的功能。

难点是明确各模块的功能后是否能根据自身需要进行动画绘制，这不仅需要软件操作能力，更需要实际动手能力，以及对动画基础知识的掌握和原动画、设计稿、分镜头各环节的综合运用能力。

 **实训过程**

任务 **1** RETAS!PRO HD软件概述

1.1 RETAS!PRO HD软件简介

RETAS!PRO HD软件于1993年首次发布，是用于协助传统动画制作的专业数字动画制作工具。传统动画制作一般包含作画、上色及合成等环节，RETAS!PRO HD便是专门为这些传统制作环节而设计的，包含了从作画、上色、合成到制作、管理等各个制作环节的全方位系列动画制作工具。

目前，RETAS!PRO HD软件已经成为动画制作的行业标准，并被绝大部分动画制作公司采用。使用RETAS!PRO HD软件制作动画的4个模块如图7—1—1所示，其中各模块之间的关系如图7—1—2所示。

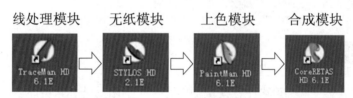

图7—1—1

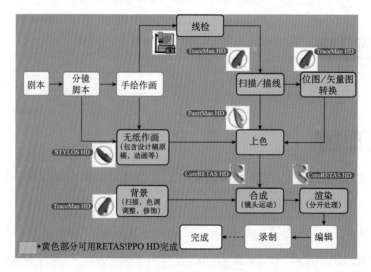

图7—1—2

1.2 RETAS!PRO HD软件的优点

（1）改善工作速度。RETAS!PRO HD软件可加快动画制作中作画、上色及合成等环节的速度。

（2）降低成本。RETAS!PRO HD软件不仅可通过减少制作时间来降低成本，而且节省了耗材，如赛璐珞、颜料和胶片等，因为有了数码化的制作流程，这些东西现在都不需要了。

（3）改善表现技巧。以前很难在赛璐珞和胶片上实现的屏幕展现方式和特殊效果，因为使用数码技术，现在可以轻易实现了。

（4）操作简单。RETAS!PRO HD软件的各项功能都是基于动画制作流程设计的，可使制作人员学习和使用时更加便捷、简单。

（5）按需配置。RETAS!PRO HD软件的各个模块相互独立，用户可根据工作需要配置许可数量，如12套 STYLOS HD、8套 PaintMan HD 和5套 CoreRETAS HD等。

（6）兼容性强。RETAS!PRO HD软件已经成为行业标准，用户不用担心输出的作品存在格式不兼容的问题。

（7）充分利用互联网。无纸动画数据可以通过互联网进行交互作业，而不像传统的纸、赛璐珞和胶片等那样容易造成损失；同时，用户利用互联网还可以节省物流及修改等产生的费用。

1.3 RETAS!PRO HD软件的市场占有率

目前，日本播放的电视动画片中95%都是通过数码上色，使用的软件几乎（超过95%）都是RETAS!PRO HD（见表7—1—1）。RETAS!PRO HD软件可制作出高精度的影院动画片。

表7—1—1　　　　　　　　使用RETAS!PRO HD制作的部分动画片

作品名	
《忍者乱太郎》	《KERORO军曹》
《头文字D》	《舞－乙 HIME》
《我的女神》	《CLUSTER EDGE》
《交响诗篇》	《Black Jack》
《草莓棉花糖》	《名侦探柯南》
《增血鬼KARIN》	《天使心》
《樱桃小丸子》	《Anpanman》
《口袋妖怪》	《哈姆太郎》
《火影忍者》	《甲虫王》

续前表

作品名	
《BLEACH－死神》	《PRECURE》
《多拉A梦》	《金色的卡修》
《蜡笔小新》	《海贼王》
《日式面包王》	《冒险王》
《高达SEED DESTINY》	《Rockman EXE》

1.4　RETAS!PRO HD软件的技术特点

1.4.1　RETAS!PRO HD实现多种用途

（1）RETAS!PRO HD软件完全支持矢量图，图像精度不受缩放影响，用户可以根据输出需要随时更改精度，实现素材的多次利用。

（2）RETAS!PRO HD软件可实现将用于电视动画片的图像输出成保留矢量信息的EPS或Flash格式等多种格式。

（3）利用RETAS!PRO HD软件制作好的素材可用于高质量要求的影院片或出版物，还可用于低精度的移动媒体或网络动画。

1.4.2　RETAS!PRO HD实现前后连贯性

（1）RETAS!PRO HD软件拥有向后兼容性，可兼容旧版本的数据。RETAS!PRO HD软件特有的图像格式（DGA和CEL）已经被添加到传统图像格式（如TGA）中，以便与旧版本创建的数据进行交换。

（2）RETAS!PRO HD软件支持传统制作流程。用户可以只使用传统的单线描图像工作流程，而不使用 RETAS!PRO HD软件的新功能，如多层次图像及16比特/通道。

RETAS!PRO HD软件各模块的功能及制作流程如图7—1—3所示。

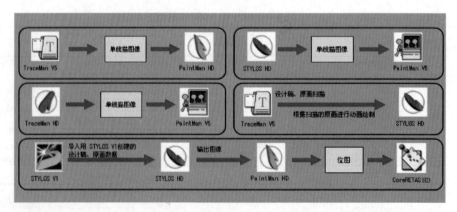

图7—1—3

任务2 STYLOS HD概述

在了解RETAS!PRO HD软件的概况后，接下来对此软件的几个模块进行详细的认识与学习。STYLOS HD模块是为具有多年经验的专业动画制作师打造的制作工具，涵盖了制作流程中与作画有关的环节，包括从前期的设计稿到原画与动画的创建再到阴影指示等。对于学生来说，培养扎实的绘画基本功尤为重要。

STYLOS HD模块可以支持能再现自然笔触的矢量图及绘制细微表现的位图，用户可根据自己的喜好及需求，选择使用矢量图或位图作画。同时，STYLOS HD模块可以处理多层结构，帮助用户按工作需要在各个不同形式的层之间来回切换（包括草稿层、清稿层、阴影指示层等）。

2.1 STYLOS HD模块的界面

STYLOS HD模块的界面如图7—2—1所示。

图中：A区域为透光桌面板(Light Table Palette)，用于控制透光桌中图像的前后显示顺序和半透明显示；B区域为图像窗口，用于编辑、绘制图像，该窗口相当于手绘时的设计稿纸或动画纸；C区域为文件预览器面板(File Previewer)，用于切换同一序列中的不同图像进行工作；D区域为批处理功能面板(Batch Palette)，用于执行批处理命令（同种命令需要重复使用在不同的数据上）；E区域为层面板(Layer Palette)，用于设置层的顺序及层的显示、隐藏等；F区域为律表窗口，用于管理镜头运动的实践，以及动画张有交错运动时的顺序；G区域为文件管理器(File Browser)，用于浏览图像文件，以及管理镜头文件夹；H区域为工具选项面板(Tool Options Palette)，用于设置每个工具的选项；I区域为工具面板，该面板集中了所使用的部分作画工具。

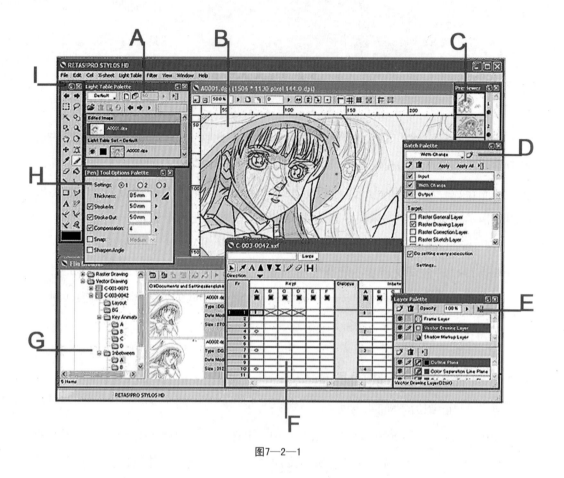

图7—2—1

2.2　STYLOS HD模块的功能

从设计图、原画、动画，一直到修型、镜头运动指示、阴影指示等，都可以通过STYLOS HD模块的数位板进行绘制。

2.2.1　再现自然手绘笔触的作画功能

STYLOS HD 模块支持数位板压感笔的压感功能，图7—2—2为设计图。

2.2.2　律表功能

在STYLOS HD模块中，律表上的原画栏与动画栏是分开的，因此时间设置非常简单，可以添加层数，也可以写入对话或者导入音频（见图7—2—3）。

根据分镜脚本，在设计图上画上观众看到
角色的背景及视角。

图7—2—2

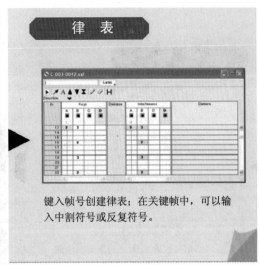

键入帧号创建律表；在关键帧中，可以输
入中割符号或反复符号。

图7—2—3

图7—2—4为原画绘制，图7—2—5为阴影指示，图7—2—6为修型。

根据设计稿，在关键帧中画入动作的原
画张。

图7—2—4

在原画张与动画中均可加阴影指示，阴影
指示可以一直保留到上色环节。

图7—2—5

2.2.3 辅助中割的透光桌功能

在STYLOS HD模块中，透光桌中的图像可以进行任意缩放、旋转，方便用户定
位；也可以将运用其他软件创建的图像导入透光桌。

图7—2—7为镜头指示。

修 型

原画的修型可以在所添加的修型层中进行，修型可以一直保留到中割环节。

图7—2—6

镜头指示

指示层多用于标明镜头运动等说明，可利用Text Tool（文本工具）输入文字说明。

图7—2—7

2.2.4 支持位图与矢量图的作画功能

在STYLOS HD模块中，用户可以根据需要使用怎样缩放都保持高质量的矢量图或平常使用的位图。

图7—2—8为输出功能。

2.4.5 时间、动作检查功能

在STYLOS HD模块中，可以使用按律表时间运行的动作检查功能（Motion Check Function），或者使用手动控制速度的快速动作检查功能（Quick Motion Function）。

2.4.6 针对矢量图的线条编辑功能

在STYLOS HD模块中，Snap（对齐）、Join Line（连接断线）等功能

输 出

完成后的镜头图像为DGA格式，只能用于作画，所以必须使用Export（输出）>Finished Drawing（已完成的绘制图）功能将其输出成可以上色的文件格式。

图7—2—8

可以让线条的连接更快捷，Reshape（整形）可以改变线条的形状， Change Width（更改线宽）可以改变线条的粗细等。

对于STYLOS HD模块的概述——功能及界面介绍，在接下来的实际案例中会有较详细的操作应用，该模块的理论性知识对实际操作应用和项目学习会有很大的帮助。

任务3　TraceMan HD 概述

TraceMan HD模块是一款支持矢量化和48位扫描的扫描与描线制作工具。该模块能扫描大批量的动画和背景，并对动画进行描线，使它们适合上色。

TraceMan HD模块有Mono（单色）、Gray（灰度）、Vector（矢量）描线功能，并且能将描好的线条（包括不同颜色）转换成不受精度限制的矢量数据；因为是按照48位（每通道16位）进行扫描的，所以图像原本的颜色质量或进行色调调节时质量的损失都会降至最低。同样地，用于调整图像明亮度和锐利度的色调调节功能也被改进了，添加了诸如为了保持图像原有设置而可进行灰阶调节的灰度层，以及支持 ADF（自动进纸机）等功能。

3.1 TraceMan HD模块的界面

TraceMan HD模块的界面如图7—3—1所示。图中：A区域为图像窗口，用于编辑图像，该窗口相当于手绘时的设计稿纸或动画纸；B区域为预览面板（Prescan Palette），用于预览准备扫描的原稿；C区域为文件预览器面板（File Previewer），用于切换同一序列中的不同图像进行工作；D区域为批处理功能面板（Batch Palette），用于执行批处理命令（同种命令需要重复使用在不同的数据上）；E区域为工具选项面板（Tool Options Palette），用于设置每个工具的选项；F区域为层面板 （Layer Palette），用于设置层的顺序及层的显示、隐藏等；G区域为扫描面板（Scan Palette），用于设置扫描精度、亮度、颜色深浅等；H区域为文件管理器（File Browser），用于浏览图像文件，以及管理镜头文件夹；I区域为工具面板，该面板集中了所使用的部分作画工具。

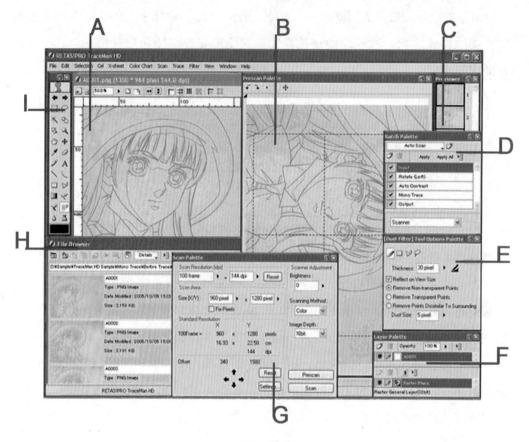

图7—3—1

3.2 TraceMan HD模块的功能

3.2.1 便于扫描大批量原稿的功能

TraceMan HD模块可以方便且高效地扫描大批量的原稿，可协助用户整理图像到律表中相应的层，或者自动为扫描稿编号。可以采用48位（每通道16位）扫描，也可以采用双24位（每通道8位）扫描。该功能可以在进行色调调节时，降低图像质量的损失。图7—3—2为扫描功能。

3.2.2 色调调节及修饰功能

色调调节功能中的Level Adjust（色平衡度调节）和Hue/Saturation（色饱和度调节）都被改进，用户可以通过一个"调节层"进行调节，刮擦痕迹及边缘可以使用Stamp（印章）工具修饰。图7—3—3为色调调节功能。

TraceMan HD配有自动扫描功能,可以实现方便且高效的大批量原稿扫描。

图7—3—2

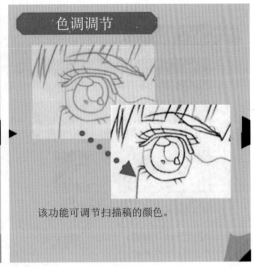

该功能可调节扫描稿的颜色。

图7—3—3

3.2.3 单色、灰度及矢量描线功能

刚刚扫描好的图像是不能直接用于上色的,必须描线成适合上色的数据,TraceMan HD模块提供了3种描线方式。图7—3—4为单色描线功能,图7—3—5为矢量转换功能,图7—3—6为修饰功能,图7—3—7为动作检查功能,图7—3—8为灰度描线功能,图7—3—9为上色模块。

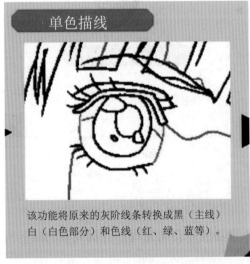

该功能将原来的灰阶线条转换成黑(主线)白(白色部分)和色线(红、绿、蓝等)。

图7—3—4

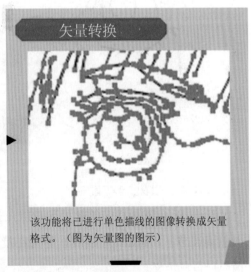

该功能将已进行单色描线的图像转换成矢量格式。(图为矢量图的图示)

图7—3—5

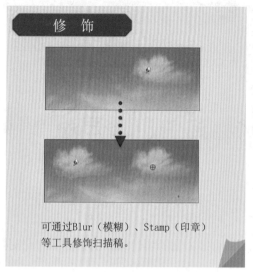

修　饰

可通过Blur（模糊）、Stamp（印章）
等工具修饰扫描稿。

图7—3—6

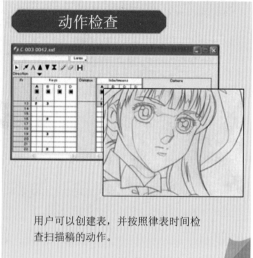

动作检查

用户可以创建表，并按照律表时间检
查扫描稿的动作。

图7—3—7

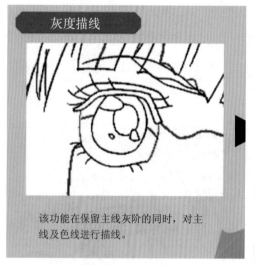

灰度描线

该功能在保留主线灰阶的同时，对主
线及色线进行描线。

图7—3—8

传递到上色环节

PaintMan HD

描线后的图像可直接给PaintMan HD
上色。

图7—3—9

3.2.4　批处理功能

TraceMan HD模块中的批处理功能在扫描图像时经常会用到，Tone Adjustment
（色调调节）、Trace（描线）等可在批处理功能中自动完成，且批处理功能表可
由用户自己定义。

3.2.5　创建、编辑律表功能

在TraceMan HD模块中，可以通过创建律表进行扫描稿的动作检查。律表可包

含原画及动画，并能在RETAS！PRO HD软件的其他系列模块中使用。

TraceMan HD模块详细讲解了动画图片、图形的扫描及线处理功能，在进行实际的短片创作时，大家会清晰地认识到它的强大功能，不会再为一张张的线稿清稿而烦恼。如再配合一台高速自动扫描仪，会让工作事半功倍。

任务4 PaintMan HD 概述

PaintMan HD是一套可以保证高效、高质的数字上色工具，该模块涵盖了从动画上色、色指定到颜色特效等所有上色中所涉及的环节。

该模块中的自动连接断线功能可在发现线条缺口时终止上色，这使得上色效率得到很大的提高；还有通过拾取透光桌中的颜色进行上色的功能；喷枪笔工具也有了较大的改进；用户还可以通过操作alpha通道来设置上色的透明度，并能产生3种颜色渐变的特效；等等。这些改进都加强了该模块的实用性。

4.1 PaintMan HD模块的界面

PaintMan HD模块的界面如图7—4—1所示。图中：A区域为透光桌面板（Light Table Palette），用于控制透光桌中图像的前后显示顺序及半透明显示；B区域为图像窗口，用于编辑图像或给图像上色；C区域为文件预览器面板（File Previewer），用于切换同一序列中的不同图像进行工作；D区域为批处理功能面板（Batch Palette），用于执行批处理命令（同种命令需要重复使用在不同的数据上）；E区域为颜色表（Color Chart），用于经常使用的颜色，并将它们分类排序；F区域为层面板（Layer Palette），用于设置层的顺序及层的显示、隐藏等；G区域为颜色定位器（Color Locator），用于显示图像窗口中的部分内容，并能实时放大；H区域为颜色面板（Color Palette），用于选择和调整颜色；I区域为文件管理器（File Browser），用于浏览图像文件，以及管理镜头文件夹；J区域为工具选项面板（Tool Options Palette），用于设置每个工具的选项；K区域为工具面板，该面板集中了所使用的部分作画工具。

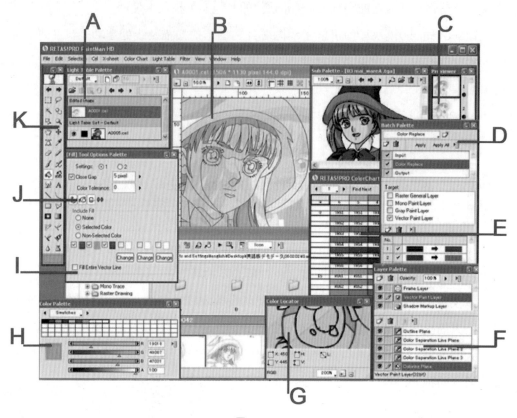

图7—4—1

4.2 PaintMan HD模块的功能

4.2.1 位图与矢量图上色功能

PaintMan HD模块不仅可以给位图（单色及灰度描线图像）上色，而且可以给矢量图（矢量作画及矢量描线的图）上色。图7—4—2为上色填充功能。

图7—4—3为封闭区域填色功能。

4.2.2 主线保护功能

在PaintMan HD模块中，主线和颜色将被分成不同的层（面），主线会被自动保护起来，可以避免用户误擦除主线。图7—4—4为阴影指示功能，图

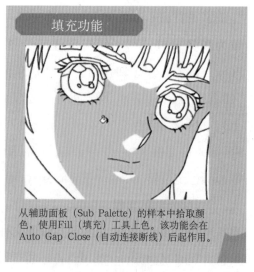

填充功能

从辅助面板（Sub Palette）的样本中拾取颜色，使用Fill（填充）工具上色。该功能会在Auto Gap Close（自动连接断线）后起作用。

图7—4—2

7—4—5为说明指示功能。

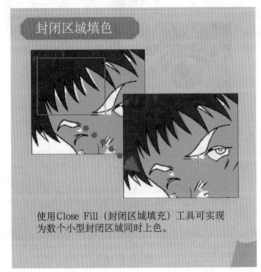

封闭区域填色

使用Close Fill（封闭区域填充）工具可实现
为数个小型封闭区域同时上色。

图7—4—3

阴影指示

用户无须在纸上画上阴影指示，因为在STYLOS
HD 作画流程中创建的阴影指示（Shadow
Markup）可保留到PaintMan HD 中作为参考。

图7—4—4

4.2.3 创建、编辑律表功能

在PaintMan HD模块中，用户可以
创建律表用于检查上色后图像的动作，
该律表也可用于RETAS!PRO HD软件其他
系列模块中。

4.2.4 扩大颜色处理功能

在PaintManHD模块中，除24位（每
通道8位）以外，用户可扩大颜色处理范
围，使用48位（每通道16位）的颜色，并
且可调节颜色的透明度。

4.2.5 增强特效功能

在PaintMan HD模块中，特效功能

说明指示

Skin color (normal)
R:226 G:207 B:199

用户可通过Text（文本）和Call out
（带下划线文本）工具输入说明指示，
如果输入在不同的层，还可以进行
编辑修改。

图7—4—5

被大幅度改进，比如增强了喷枪笔的质量（支持数位板压感）及统一均匀的喷枪笔
特效。

图7—4—6为喷枪笔功能，图7—4—7为喷枪笔效果。

喷枪笔

利用数位板压感笔的压感功能，达到高质量的喷枪笔上色效果；喷枪笔同时还支持有透明度的颜色。

图7—4—6

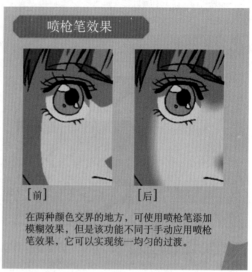

喷枪笔效果

[前]　　　　[后]

在两种颜色交界的地方，可使用喷枪笔添加模糊效果，但是该功能不同于手动应用喷枪笔效果，它可以实现统一均匀的过渡。

图7—4—7

4.2.6　改进的色指定功能

　　PaintMan HD模块支持一系列设计色指定的功能，比如通过比较两张图像创建颜色更换设置文件，或者调节颜色表中的色调等。

　　图7—4—8为创建颜色表功能，图7—4—9为色指定功能。

创建颜色表

通过拾取图像中的颜色创建色表。

图7—4—8

色指定

通过比较色指定中的两张不同颜色的图像，创建颜色更换设置文件。

图7—4—9

　　现在国内有很多二维动画公司在上色环节中实际应用PaintMan HD模块，因为这是一款很高效的上色工具。对于软件的使用，关键还是要有一个熟练的过程，这样在制作实际的项目时才能够得心应手。

任务5　CoreRETAS HD概述

CoreRETAS HD模块是用于动画制作中合成环节的工具，可以满足多种渲染表现形式及高速渲染要求的合成与特效。

该模块可以将分开的素材，如背景和上色完成的动画张等，整合到拍摄舞台中，组成一个镜头；可以进行镜头的推拉摇移；还可以利用律表将所有素材安排在合适的位置与时间段，并利用多种特效来完成合成工作。

5.1　CoreRETAS HD模块的界面

CoreRETAS HD模块的界面如图7—5—1所示。图中：A区域为舞台窗口，可通过控制Move（移动）、Zoom In/Zoom Out（放大/缩小）及Rotation（旋转）等功能，将镜头运动添加到舞台中的背景与动画张上；B区域为中间帧面板（Inbetweening），可在摄像机、定位条、层的关键帧之间添加中间帧，拥有多种中割模式；C区域为特效面板（Effects），可通过控制特效滤镜来达到特殊效果，可将一系列特效的整合保持为特效组；D区域为层设置面板（Layer Settings），可控制多种层的设置，如Compositing Mode(合成模式)及Transparency Settings(透明度设置)等；E区域为运动路径面板（Motion Path），可用于绘制摄像机与层沿之运动的直线与曲线；F区域为层管理窗口（Cel Bank），可以管理镜头中所使用的数据，并可生成用于单一颜色着色的色层面（Color Plane）；G区域为输出队列窗口（Export Queue），在连续输出之前，该窗口可以显示需要输出的镜头列表，它同样可以控制输出进度的暂停与运行；H区域为渲染窗口，根据律表及舞台设置的摄像机角度来显示某帧的图像；I区域为律表窗口，是CoreRETAS HD工作时的一个中心窗口，它可以用来控制时间及层的前后关系，用户可以使用与旧版本兼容的2D模式律表，也可以使用支持三维镜头运动的3D模式律表。

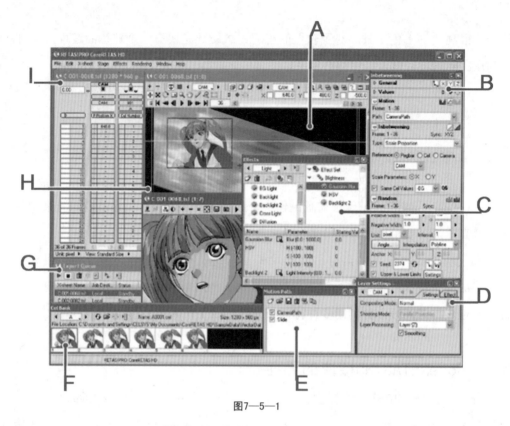

图7—5—1

5.2 CoreRETAS HD模块的功能

5.2.1 层管理及读取功能

在Cel Bank中读取图像文件素材（见图7—5—2），当使用其他系列模块时，镜头文件夹可直接被读取。

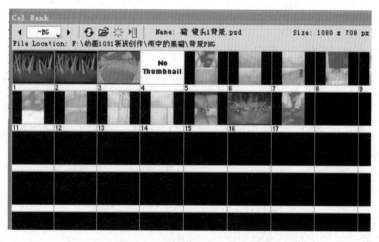

图7—5—2

5.2.2 创建律表功能

使用键盘将动画张编号输入律表（见图7—5—3），如果在无纸作画的情况下，律表已经被建立，则这一步可以省略。

5.2.3 摄影机及层的功能

在每个摄像机与层的"运动起始位置"与"运动结束位置"都需设置一个关键帧，两个关键帧中的运动过程将自动被分割成多个片段，并创建成摄像机与层的中间帧来完成动作。有多种中割模式可供选择，如加速、减速及正弦曲线等。

图7—5—4为动画镜头预览界面。

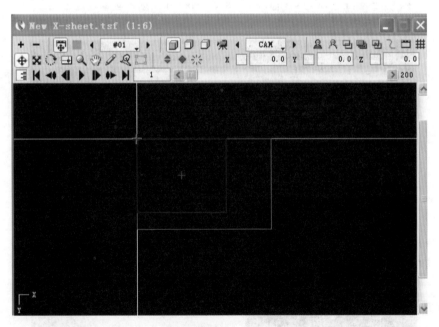

图7—5—3

图7—5—4

可使用RAM预览功能来确认时间及镜头运动的正确性（见图7—5—5）。

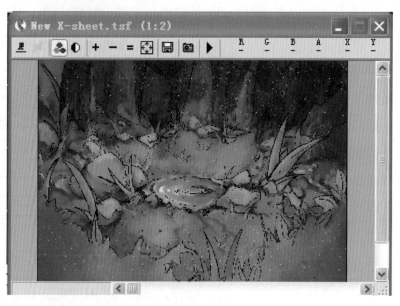

图7—5—5

5.2.4 添加特效、渲染和输出功能

需要特殊效果时，可为层与摄像机添加特效（见图7—5—6）。

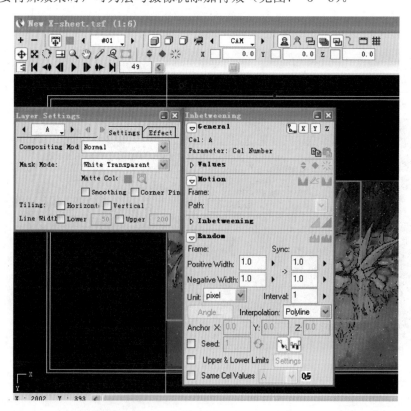

图7—5—6

图7—5—7为Rendering settings窗口，可实施渲染的相关设置，如渲染的精确度及速率（24帧/秒或30帧/秒）等。

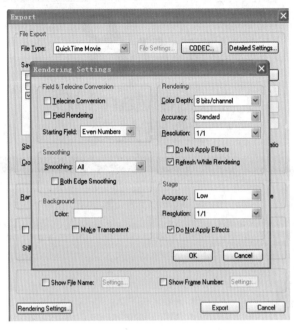

图7—5—7

图7—5—8为可选择输出的7种格式。

图7—5—8

制作完成的动画可输出为一个影片，或者是一系列序列图像文件。

 拓展练习

在欣赏无纸软件制作的动画影片时，详述影片中无纸软件各模块的应用情况。

项目8
TraceMan HD
线稿处理

 项目概述

本项目主要介绍TraceMan HD模块的功能及操作，学习操作达到符合动画片要求的线条处理、矢量线条转换、杂点去除、批量处理等任务。

 实训目标

学习如何进行线条转换——将位图转换成矢量图，调整线条和剔除画面杂质，达到制作动画片要求的线条和原动画画面。

 项目课时

20课时。

 重点难点

重点是如何进行线条转换，难点是掌握符合要求的动画线条与风格之间的关系。

实训过程

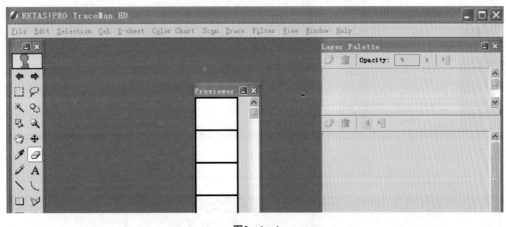

任务1 《少女》线稿处理

1.1　线稿处理前的准备工作

图8—1—1为RETAS!PRO HD 软件TraceMan HD模块的初始界面。

图8—1—1

图8—1—2为打开的存储待处理的《少女》线稿的文件夹，可以通过按快捷键F12打开此文件夹。

接下来将介绍如何进行《少女》线稿扫描的操作，扫描完成后再进行线稿处理。

步骤1 TraceMan HD默认支持的扫描仪是SCSI专业扫描仪，我们当然可以把它改成家用TWAIN 标准。选择Edit>Preferences>Scanner（见图8—1—3）。

步骤2 通过选择Scan>Select TWAIN_32 Compatible Device（见图8—1—4）来选择自己使用的扫描仪，之后设置扫描参数。

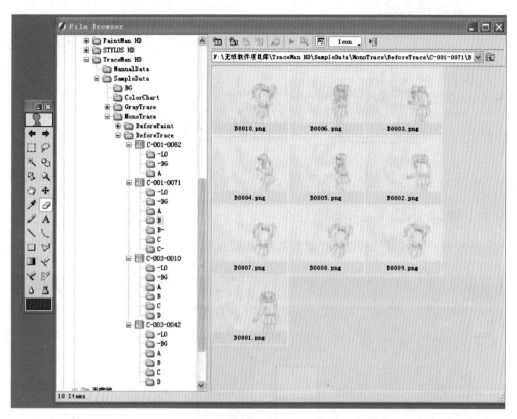

图8—1—2

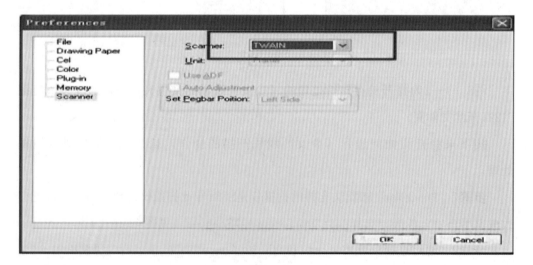

图8—1—3

步骤3 在打开的Scan Palette面板中点击Prescan（见图8—1—5），在Prescan Palette窗口中预览扫描效果（见图8—1—6）。

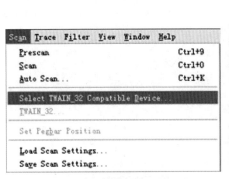

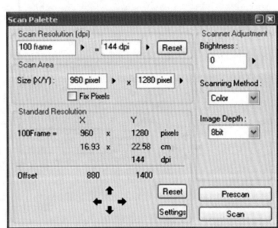

图8—1—4 　　　　　　　　　　　　　　　　　　图8—1—5

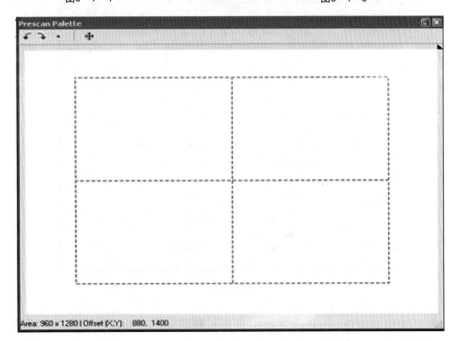

图8—1—6

步骤4 点击Scan Palette窗口中的Setings，设置图像所需的参数；之后点击Prescan进行图像预览（见图8—1—7）。

步骤5 设置Scan Area（扫描区域）中的参数，使预览扫描中的虚线框与图像线框相匹配；之后点击Scan按钮进行实际扫描（见图8—1—8）。

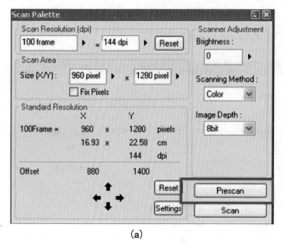
(a)

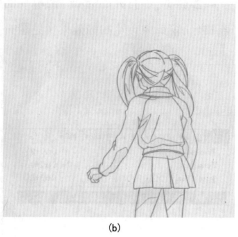
(b)

图8—1—7

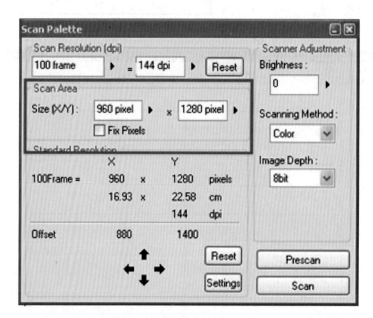

图8—1—8

当然，也可以在Photoshop软件中进行扫描，然后储存成TAG格式或PNG格式，最后导入TraceMan HD中进行线稿处理。

扫描完成后的《少女》线稿效果如图8—1—9、图8—1—10、图8—1—11、图8—1—12和图8—1—13所示。

图8—1—9

图8—1—10

图8—1—11

图8—1—12

图8—1—13

提示：扫描和之后的上色等环节最好将软件的默认格式设置为PNG，因为生成的PNG文件容量小，特别适合大量张数的动画制作。

1.2 将线稿位图转换成矢量图

把扫描好的图像放到对应的场景文件夹中。说到这里，有必要提一下如何创建一个场景文件夹。

步骤1 选择File>New>Scene Folder（见图8—1—14），新建一个绘画场景的文件夹（在这里可以创建两个场景文件夹：一个用来放置备份资料，另一个用来放置转换好的图像)。

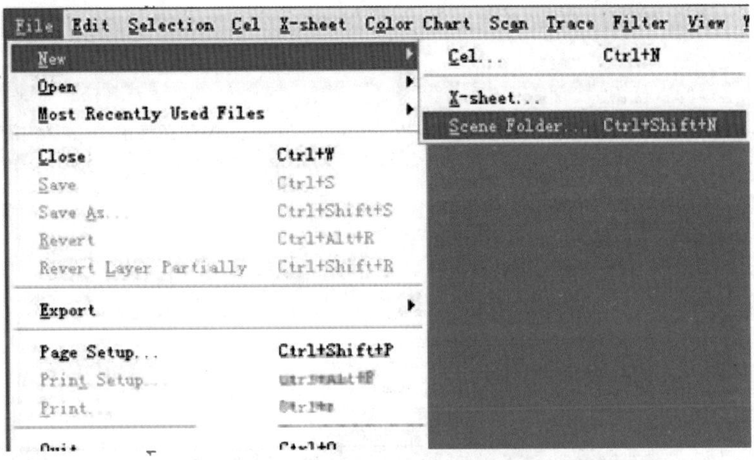

图8—1—14

弹出的Cel Scene Folder对话框(见图8—1—15)内包含以下信息:

(1)在Basic Info(基础信息)中包括Title(剧目)、Episodes(集次)、Sequences(序列)和Scene Number(镜头号码)。

Title是动画项目的名称,如《幽灵公主》可以命名为《Princess Mononoke》;Episodes中填写的是剧集的序列号;Sequences中填写的序列号码与绘画张相对应;Scene Number代表一集中不同的镜头,与行对应。

(2)在100 Farme中可以输入屏幕的高度和宽度。

(3)在Number of Layers中输入所需的层数。

(4)Time中显示的是动画进入场景的时间。

(5)在Scene Folder Name中设置显示文件的名称,如从Auto Generate中选择C+Sequence+Scene,在Folder Name中显示的

图8—1—15

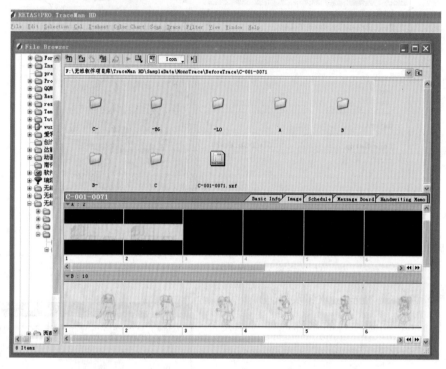

文件名称为C-001-0007。

步骤2 设置好后，点击OK确认，创建好的场景文件夹如图8—1—16所示。

图8—1—16

步骤3 选择Trace>Mono Trace Settings
进行手动调节（见图8—1—17）。Mono Trace是
指自动转换，在画面十分洁净的时候可以
使用。

步骤4 在Mono Trace Settings对话框中，
Outline Color为跟踪的轮廓线的颜色设置，一
般选用黑色；通过对Black、Red、Blue 3种颜色
数值的设定，减少画面中的噪点，从而使线条达
到理想的效果。设置完成后，点击Apply按钮进行应用（见图8—1—18）。

步骤5 选择Trace>Gray Trace Settings，打开Gray Trace Settings窗口，
勾选Preview选项显示预览视图。在预览视图中，通过拖拽画面来检查灰色线和分色线
（见图8—1—19）。图中的"+"、"–"、"="分别表示放大、缩小和还原默认视图。

图8—1—17

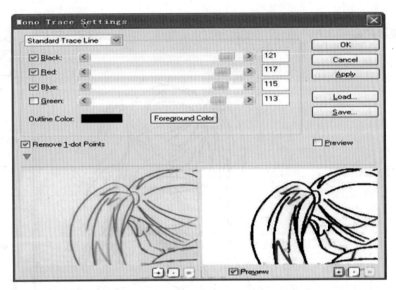

图8—1—18

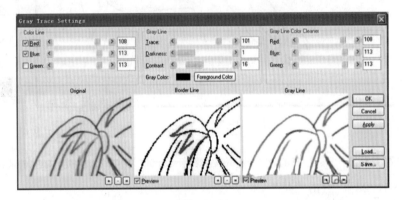

图8—1—19

步骤6　调节Gray Line和Gray Line Color Cleaner的设置，调整完成后，点击Apply（见图8—1—20）。调整后的效果如图8—1—21所示。

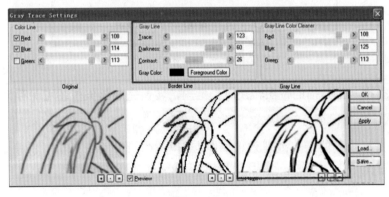

图8—1—20

图8—1—21   图8—1—22

步骤7 点击工具栏中的 ➡ 图标（见图8—1—22），系统会提示是否保存当前张（见图8—1—23），点击"是"。

图8—1—23

以此类推，把扫描的位图转换成矢量图，转换完成的矢量图可保存为软件自带的CEL格式，也可保存为PNG格式。

《少女》线稿的最终处理效果如图8—1—24、图8—1—25、图8—1—26和图8—1—27所示。

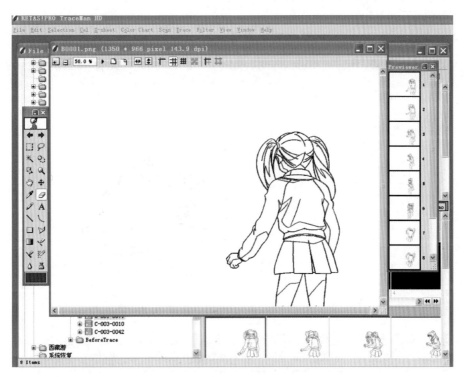

图8—1—24

图8—1—25

图8—1—26

图8—1—27

 **《雨中的黑猫》线稿处理**

将短片《雨中的黑猫》中的镜头1，由扫描稿（位图）转换为矢量图，并处理线稿。

步骤1 打开TraceMan HD模块，按快捷键F12打开相关文件夹（见图8—2—1）。

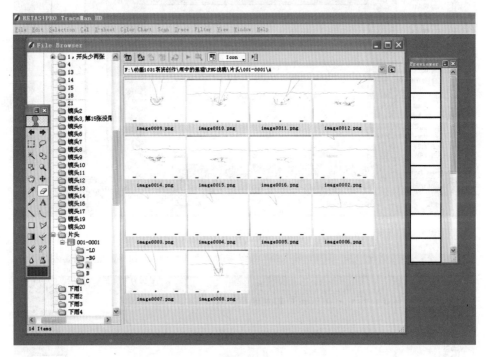

图8—2—1

步骤2 选取其中的一张画稿（见图8—2—2）。

步骤3 选择Trace菜单中的转换工具设置，可选择使用快捷键Ctrl+1、Ctrl+2、Ctrl+3、Ctrl+4、Ctrl+5、Ctrl+6、Ctrl+7和Ctrl+8，根据画稿需要进行相应的设置转换（具体操作可参考项目8任务1）。

画稿转换好后，可进行上色前的动作检查，以便及早发现并解决问题，避免后续工作繁杂。

步骤4 打开一张处理好的画稿（见图8—2—3），选择动作检查快捷键Ctrl+Alt+M进行动作检查前的时限设置（见图8—2—4）。

步骤5 确定好播放尺寸、背景颜色和拍摄时限后（见图8—2—5、图8—2—6和图8—2—7），点击OK就可以看到动作检查效果（见图8—2—8）。

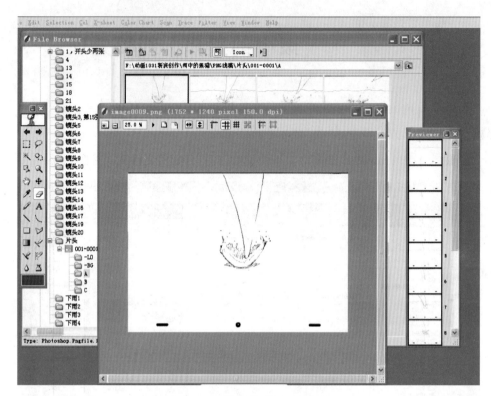

图8—2—2

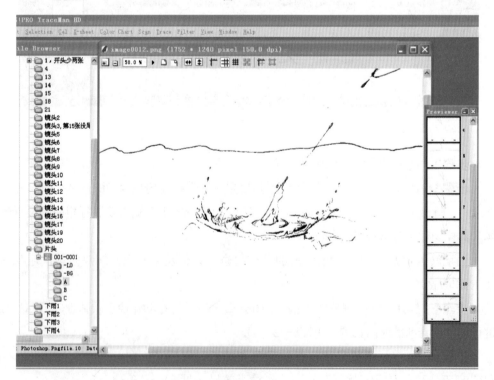

图8—2—3

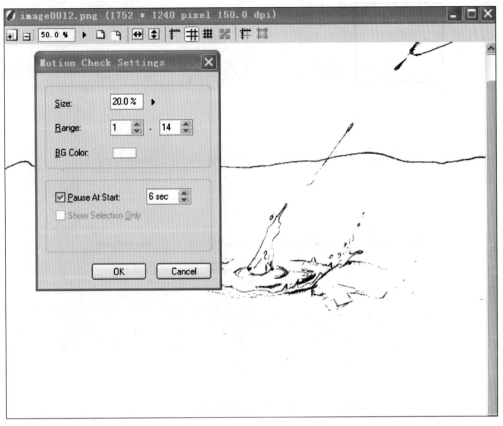

图8—2—4

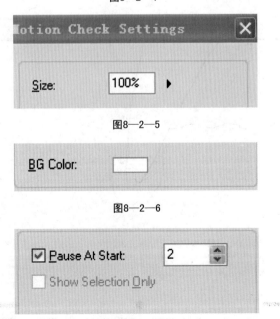

图8—2—5

图8—2—6

图8—2—7

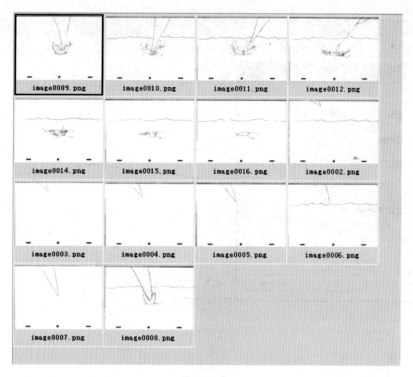

图8—2—8

《雨中的黑猫》线稿的最终处理效果如图8—2—9、图8—2—10、图8—2—11、图8—2—12、图8—2—13和图8—2—14所示。

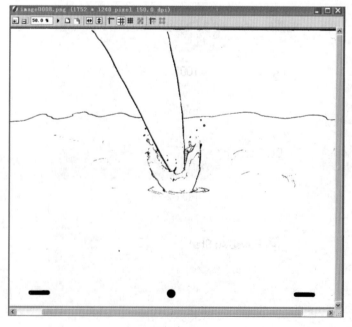

图8—2—9

图8—2—10

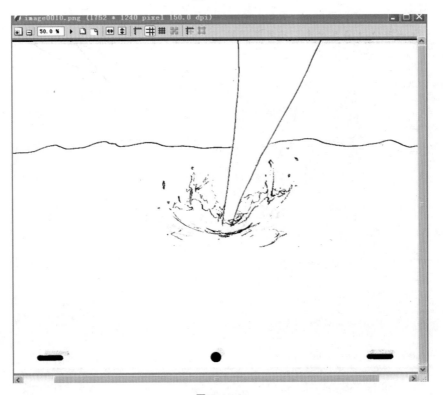

图8—2—11

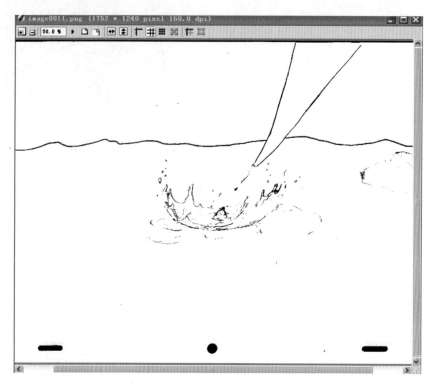

图8—2—12

图8—2—13

图8—2—14

 拓展练习

运用本项目所学知识，用TraceMan HD软件进行线稿处理。

 项目概述

　　本项目主要讲解RETAS!PRO HD软件中的STYLOS HD模块的功能运用。在使用
RETAS!PRO HD制作动画影片的过程中，大量的原动画工作都在该模块中完成。

 实训目标

　　掌握使用STYLOS HD模块进行《地球熟了》草稿绘制、《少女》动画绘制和《小
熊吃惊动作》原画绘制。

 项目课时

　　22课时。

 重点难点

　　重点是STYLOS HD模块的原动画绘制，要求有较高的二维实际绘画能力；难点
是在利用软件绘制的过程中要具有对动画制作的整体把握能力。

实训过程

任务1 《地球熟了》草稿绘制

步骤1 打开STYLOS HD模块，按F12键打开File Brower窗口（见图9—1—1）。

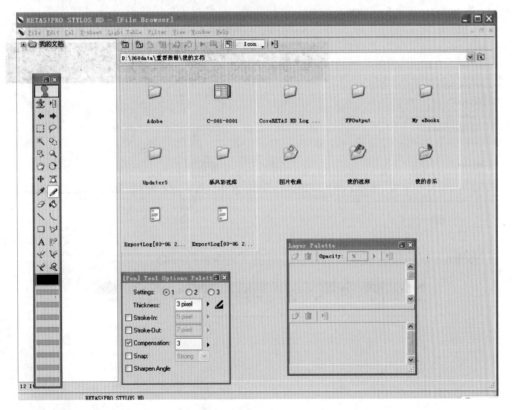

图9—1—1

步骤2 选择 按钮，打开Drawing Scene Folder对话框，新建一个镜头文件（见图9—1—2）。

步骤3 在新建的镜头文件中可以看到4个文件夹，分别是Layout（设计稿文件）、BG（背景文件）、Key Animation（关键帧文件）和Inbetween（动画张文件）（见图9—1—3）。在Layout状态，将鼠标移至黑色框，双击黑色框可直接创建新的层。

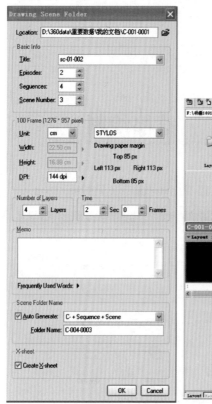

图9—1—2

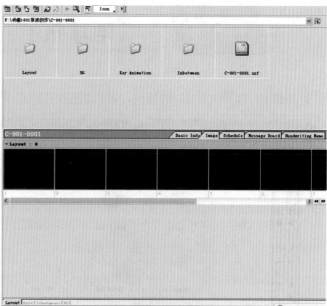

图9—1—3

步骤4 双击黑色框完成创建新的图层（见图9—1—4）。

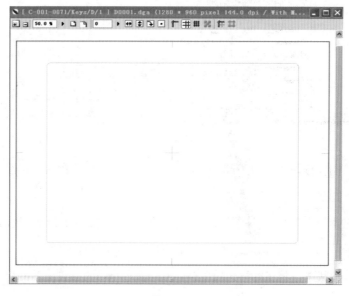

图9—1—4

步骤5 按F5键打开Layer Palette对话框，从 中选择Raster Sketch Layer(见图9—1—5)，创建一个点阵素描层（见图9—1—6），点击OK后如图9—1—7所示。

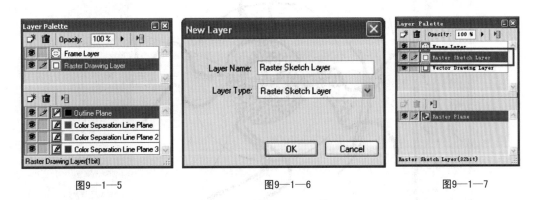

图9—1—5　　　　　　　　　　图9—1—6　　　　　　　　　　图9—1—7

步骤6 工具栏中画笔的使用及效果如图9—1—8和图9—1—9所示。

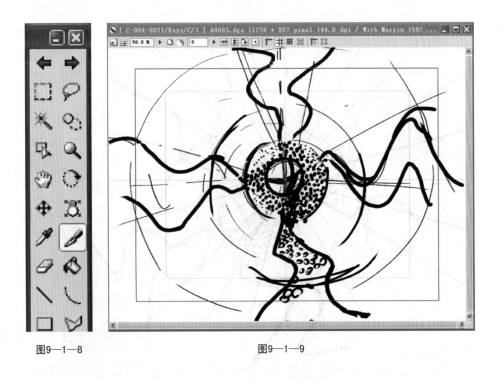

图9—1—8　　　　　　　　　　　　图9—1—9

步骤7 在工具栏中选择旋转工具，在屏幕中拖动想要旋转的图片。旋转工具的使用如图9—1—10和图9—1—11所示。沿着屏幕中显示的十字架中心旋转的效果如图9—1—12所示。

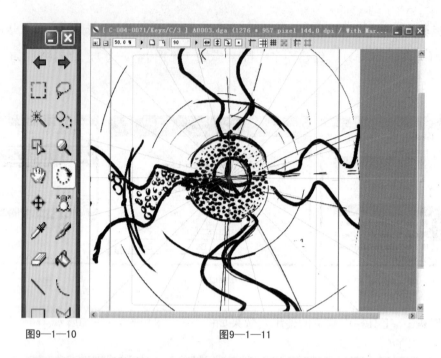

图9—1—10   图9—1—11

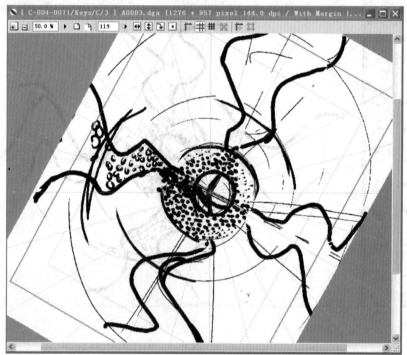

图9—1—12

提示：还可以通过其他方法旋转作画纸张：使用工具栏 ⬚ 中的 ⬚ 可以微调数值，或选择查看>旋转命令来实现旋转操作。

任务2 《少女》动画绘制

2.1 原画绘制前的准备工作

步骤1 创建位图绘画层，其步骤与前文讲述的创建设计稿层相同。按F12键打开File Browser窗口（见图9—2—1）。

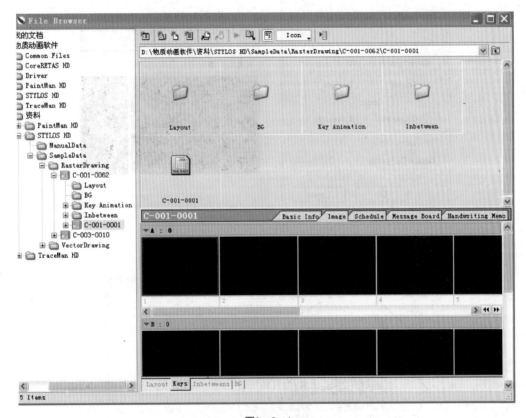

图9—2—1

步骤2 在New Cels对话框中选择创建一个标准的位图图层，点击OK（见图9—2—2）。

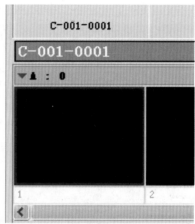

图9—2—2

步骤3 双击打开A层上的一张画纸进行绘制（见图9—2—3）。

图9—2—3

2.2 使用透光桌

步骤1 按F6键或使用窗口工具栏打开Light Table Palette窗口（见图9—2—4），点击其中的图标加载其他原画图层（见图9—2—5）；也可以直接用鼠标点击所需图层，将其拖进透光桌中。

图9—2—4

图9—2—5

步骤2 使用透光桌前，先要确保透光桌是打开的（见图9—2—6），图9—2—7显示的是透光桌关闭时的状态。

图9—2—6

图9—2—7

161

步骤3 对加载的原画图层 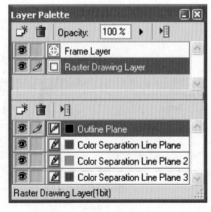 调节透明度（调整为50%），调整后的效果如图9—2—8所示。

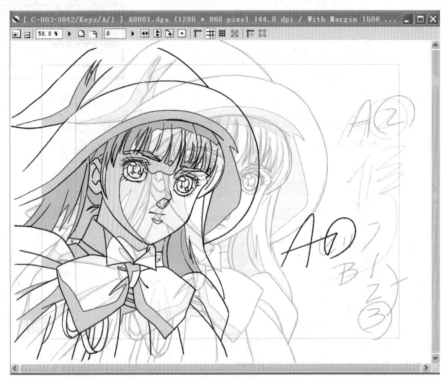

图9—2—8

步骤4 在工具栏中选择钢笔工具绘制轮廓线，确定是选择轮廓线画笔 ![Outline Plane] （见图9—2—9），根据图9—2—8画出关键帧和透明层中的中间张。

步骤5 利用图9—2—10中所示的红色画笔添加阴影部分分界线。

图9—2—9   图9—2—10

步骤6 选择分界线图层及色彩后的效果如图9—2—11所示。

图9—2—11

步骤7 将绘制完的图层保存在该项目的文件夹中（见图9—2—12）。

步骤8 以此类推，创建新的图层进行下一张原画的绘制（见图9—2—13）。

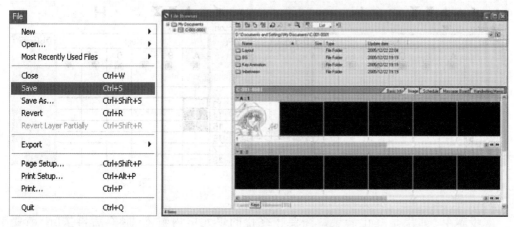

图9—2—12   图9—2—13

2.3 创建摄影表

步骤1 用鼠标箭头点击，输入第1帧（见图9—2—14）。

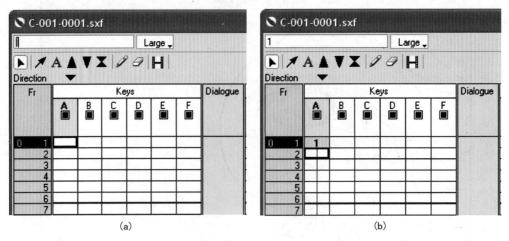

图9—2—14

步骤2 用同样的方法输入第2帧（见图9—2—15）。

提示： 如需纠正一个数字，只需选择单元格并重新输入数字即可。

步骤3 如果输入的摄影表是一拍三的，选择3个单元格，输入数字再按 Enter 键即可（见图9—2—16）。

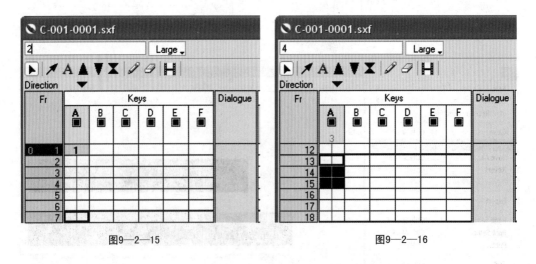

图9—2—15   图9—2—16

步骤4 如果是终止一层，需要在终止的单元格内输入"＊"后再按Enter键（见图9—2—17和图9—2—18）。

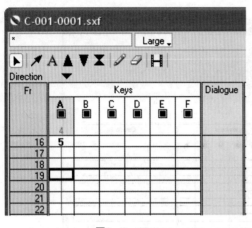

图9—2—17　　　　　　　　　　图9—2—18

步骤5　如图9—2—19所示，在摄影表中进行中间画设置。在[　　　]中输入"/"符号后再按Enter键（见图9—2—20），此时，原画1和原画2之间添加了一个中间画图标"〇"。

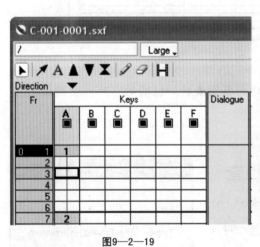
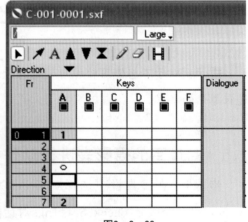

图9—2—19　　　　　　　　　　图9—2—20

2.4　在摄影表中输入对话框的要求

步骤1　单击对话框，用鼠标拖动至自己想要的位置停止，进行编写设置。

步骤2　在对话框中输入内容并按Enter键，如[　　　]。

步骤3　如果有特殊的要求，同样可以用鼠标单击选中的区域，然后点击[　　]中的特殊符号（叠化、淡入、淡出等）进行编辑（见图9—2—21）。

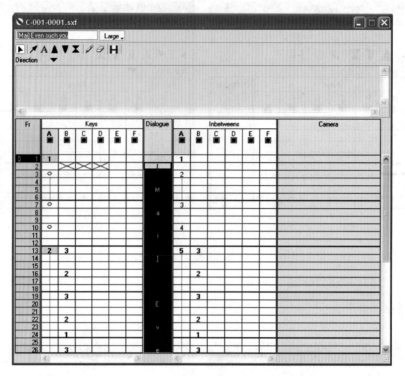

图9—2—21

提示： 对于不想使用软件自带的符号进行摄影表绘制说明的，可以使用画笔 进行原始的书写。

2.5 对填写的摄影表进行动作检查

步骤1 在工具栏中选择X-Sheet>Motion Check，打开Motion Check Settings对话框，对其进行设置；或者直接点击摄影表中的 **H** 按钮，直接演示动作检查效果。

步骤2 对于要进行动作检查的画面大小、动画层、原画层、背景颜色及播放速度进行设置（见图9—2—22）。

步骤3 点击 Apply ，出现的画面如图9—2—23所示。

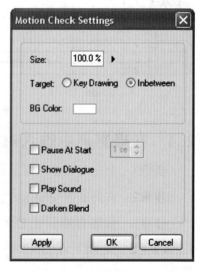

图9—2—22

图9—2—23

步骤4 使用键盘的左右键和上下键调节播放速度和单帧前后播放顺序等，按Esc键退出动作检查。

2.6 绘制原动画中快速翻页的功能设置

步骤1 选择View>Quick Motion，打开Quick Motion Settings 对话框进行编辑（见图9—2—24）。

步骤2 在图9—2—24中，点击Add按钮，在透光桌中进行所要翻页张数的设置，然后设置翻页的速度为12 fps，点击OK，其结果如图9—2—25所示。使用键盘中的左右键和上下键对其进行播放调节，按Esc键退出。

2.7 输出已完成的原动画，便于上色

步骤1 打开已绘制的镜头文件夹，选择输出对象（一层或动画层或整个镜头），如图9—2—26所示。

图9—2—24

图9—2—25

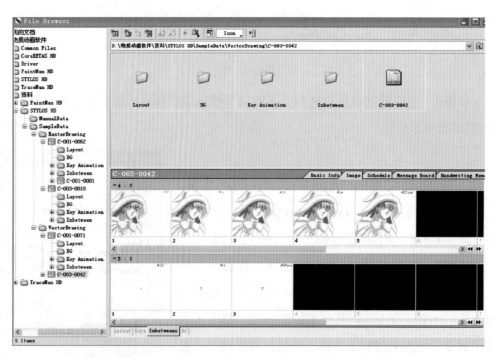

图9—2—26

步骤2 选择File>Export Painting,或者按快捷键Ctrl+E打开Export Scene Folder对话框(见图9—2—27)。

步骤3 点击Settings,设置图片输出格式(见图9—2—28),设置完毕,点击OK。

步骤4 点击 Image Settings ,弹出Image Settings对话框(见图9—2—29),勾选

Export All，点击OK，即可将原动画输出到指定的文件夹中。

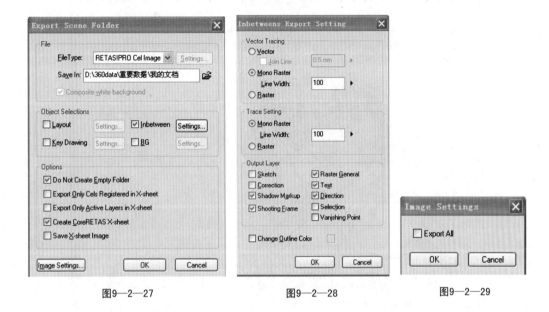

图9—2—27　　　　　　　图9—2—28　　　　　图9—2—29

步骤5　将这些图片进行上色，得到《少女》动画绘制的最终效果如图9—2—
30、图9—2—31和图9—2—32所示。

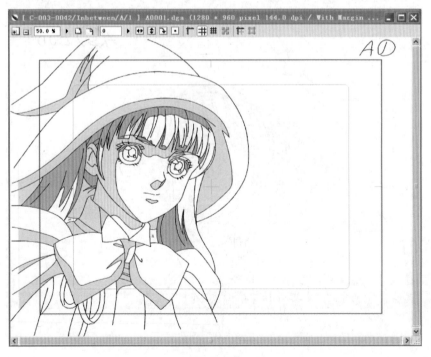

图9—2—30

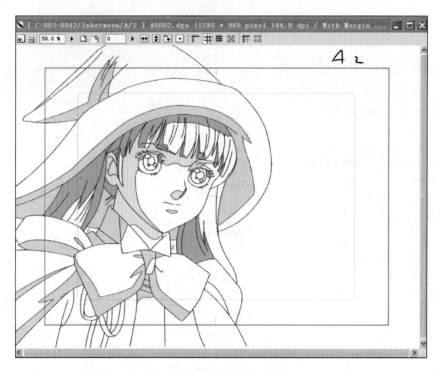

图9—2—31

图9—2—32

任务3 《小熊吃惊动作》原画绘制

步骤1 在STYLOS HD模块中新建一个动画镜头（见图9—3—1）。

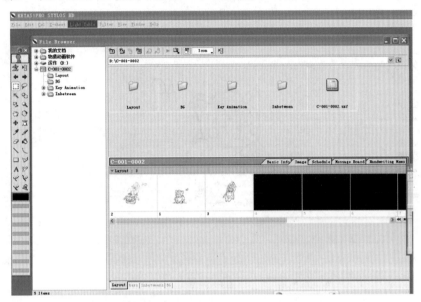

图9—3—1

步骤2 在设计稿图层中进行原画绘制，如图9—3—2所示。

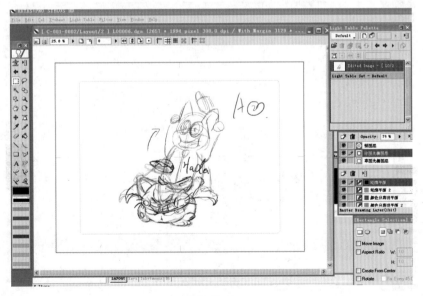

图9—3—2

步骤3 分别绘制3张原画草稿，如图9—3—3、图9—3—4和图9—3—5所示。

图9—3—3

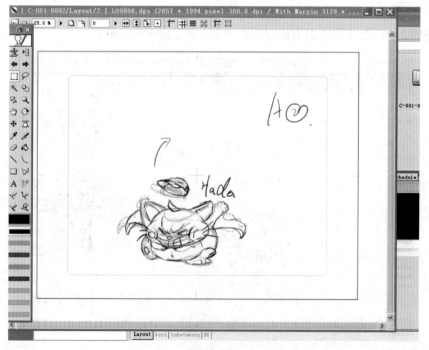

图9—3—4

图9—3—5

步骤4 草稿完成后，需要进行原画清稿。清稿时，根据前文介绍过的利用透光桌功能进行清稿。但在清稿之前需要对草稿进行动作检查（见图9—3—6），以查看原画绘制是否流畅、准确。

图9—3—6

步骤5　在确定草稿没有问题的情况下进行清稿作业。清稿时，要注意线的衔接不能有缺口，以便上色环节的顺利进行。清稿后的原画如图9—3—7、图9—3—8和图9—3—9所示。

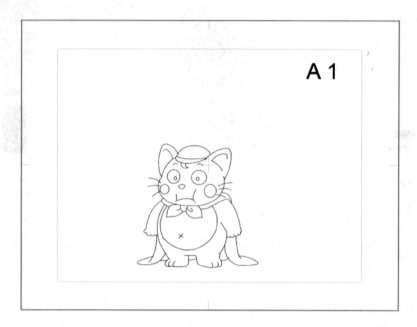

图9—3—7

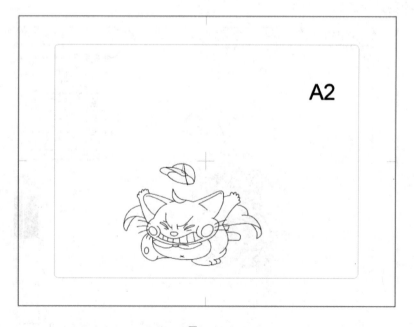

图9—3—8

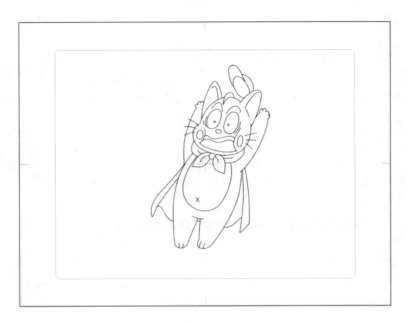

图9—3—9

至此，《小熊吃惊动作》原画绘制就完成了。

 拓展练习

在实际的镜头绘制过程中，如果遇到较难的动作无法绘制，可以尝试将实际拍摄的高难度动作照片导入软件中，然后利用透光桌功能进行绘制。根据这个想法，练习绘制一组难度较高的动作镜头。

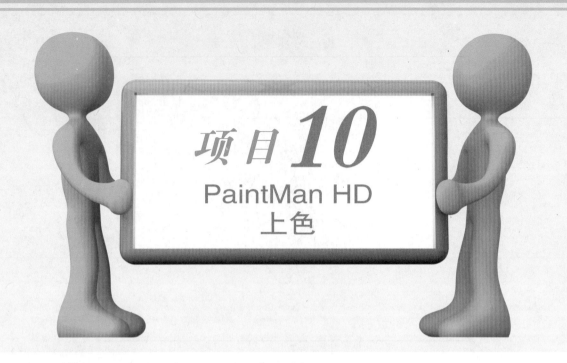

项目 **10**
PaintMan HD
上色

 项目概述

本项目学习PaintMan HD模块的常用工具和工作流程。在图片参数处理完毕之后，通过修线、上色、去除杂色，最终连续查看每一张动画图片是否有错误导致跳色。

 实训目标

掌握简单的上色方法。

 项目课时

16课时。

 重点难点

重点是PaintMan HD用户界面的基本操作，常用的浮动面板、单独快捷键和组合快捷键的学习；难点是PaintMan HD的基本操作方法。

步骤1 打开PaintMan HD软件，将未上色的线稿图片拖入软件中（见图10—1—1）。

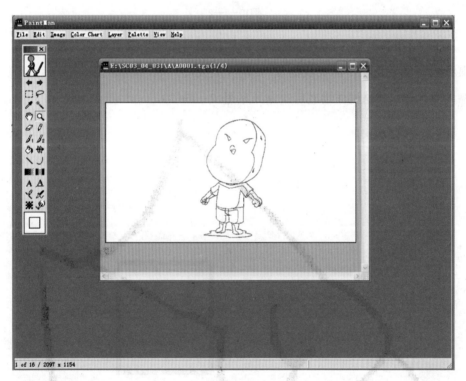

图10—1—1

步骤2 点击Q键进入主线层（进入此层面，红、绿、蓝三种颜色即会消失），开始修补图片线条。

修线时要注意的问题有：

（1）清除画面中多余的黑点，一般我们会使用O键。首先点击鼠标右键，选择吸管工具吸取空白色，然后点击O键框除画面上的黑点及无用的线条。

（2）要把线条中的缺口、断线、多余的线条（见图10—1—2）补充、连接和清除完毕，直到线条变得顺滑为止。

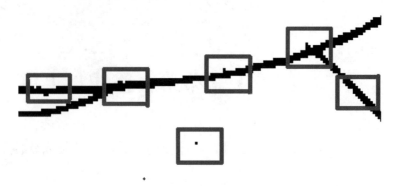

图10—1—2

（3）待线条不存在以上问题后，继续检查画面线条看起来是否挺拔有力。到底某线条是加还是减，需要我们使用Z键（放大镜）+Alt键缩小画面之后，研究此线条的具体走向和结构作用之后决定（见图10—1—3）。

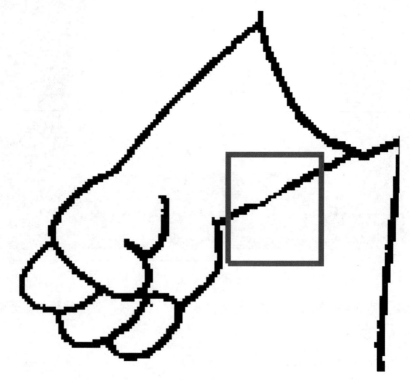

图10—1—3

图10—1—2和10—1—3修补之后如图10—1—4和图10—1—5所示。

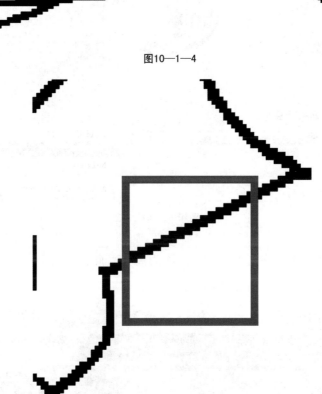

图10—1—4

图10—1—5

（4）在一般情况下，画面线条最好修补成双线。修补线条时不能过于机械，应当不断地查看整个画面以确定线条的加减。

修线的步骤虽然不难，但其耗用的时间至少为整个上色环节时间的50%，因为动画片制作的所有阶段都要求非常仔细。

修线完毕，即进入图片上色阶段。

步骤3　再次点击Q键进入颜色层 。

步骤4　在上色之前先按F9键，打开着色镜面板，点击该面板右下角的三角符号选择指定的图片（见图10—1—6），点击鼠标左键吸取对应的颜色，开始上色。

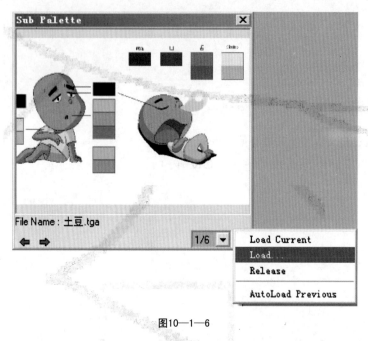

图10—1—6

步骤5 上色步骤：首先为阴影，其次为高光（此任务中无高光可省略），最后才是正常色（见图10—1—7和图10—1—8）。

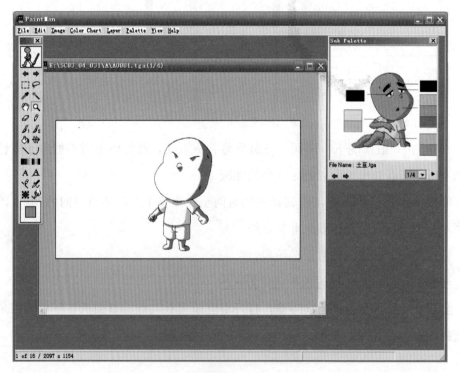

图10—1—7

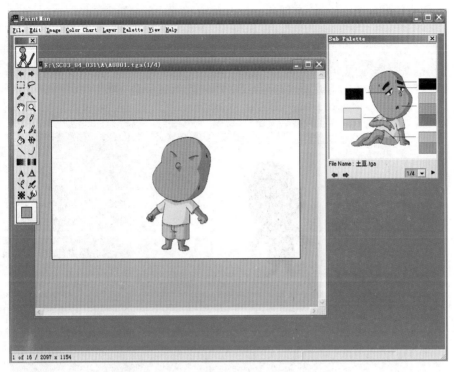

图10—1—8

因为上色工作是在颜色层进行的，所以也要在此层把红、蓝、绿三种颜色全部清除。

步骤6 按F10键打开批量处理面板（见图10—1—9），勾选红、蓝、绿对应的三个选项，点击右上角的Current将画面中这三种颜色清除。点击快捷键Ctrl+B，画面中已上色的部分会变为黑色（见图10—1—10），未上色的部分为白色。此时点击Z键放大画面，以查看画面块中是否有白点，如有，即点击空格键回到上色颜色层，将白点补充为对应的颜色。

补充上色完成之后，这张图片即上色完成。

在二维动画制作时，为了减少工作量，有时候会把镜头的些许张分为不同

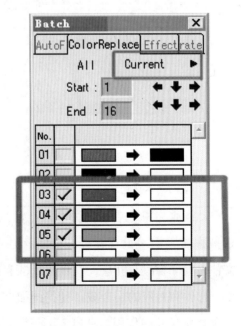

图10—1—9

层。刚才我们做的是A层，会发现角色没有眼睛和嘴，就是此原因。

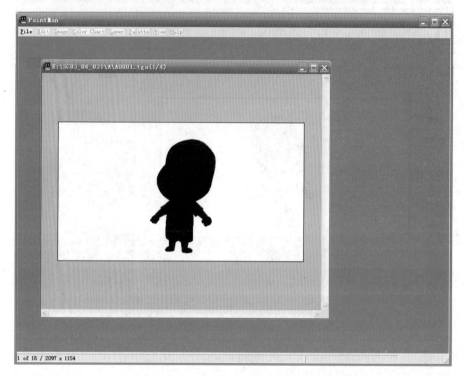

图10—1—10

其他层依照此方法作业，完成之后，此镜号的上色工作即完毕。

《西红柿妹妹》上色

2.1 合成与上色

动画张完成之后，扫描进入计算机并经处理后会储存在规定的文件夹中（见图10—2—1），打开此文件夹，会显示文件夹中存储的文件（见图10—2—2）。其中，文件夹A和B为A层和B层，文件夹A_GO和B_GO为A层和B层的母体。上色完成之后，需要把母体和对应的层合成，使得画面完整。LO是本层的构图，起到确定本层的安全框和画面尺寸的作用。SHEET为律表，后期制作时是按照它的数据来安排每一张画面的播放顺序和时间的。

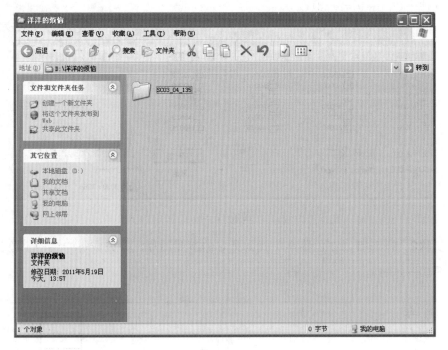

图10—2—1

图10—2—2

步骤1 点击快捷键Ctrl+O，从相关路径找到要求上色的卡之后，首先把A0001拖入软件中(见图10—2—3)。

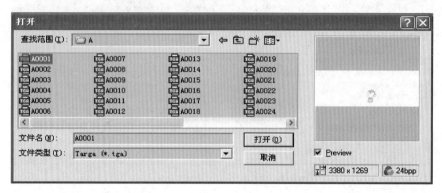

图10—2—3

步骤2 按F9键，在色鉴本中找到指定的参照图片，并完成每一层的上色任务(见图10—2—4)。

图10—2—4

此卡中，给母体上色时要注意的问题是：没有封口的部分不能直接上色（见图

10—2—5）。

上色完成后的效果如图10—2—6所示。这张母体卡中的蓝线未能上色的原因是：蓝线是阴影线，一般会用阴影色代替。在这里并不能确定蓝线之上阴影的位置，因此需要把母体和对应层的对应张合成之后才能上色。

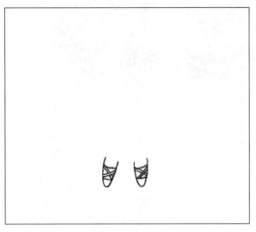

图10—2—5

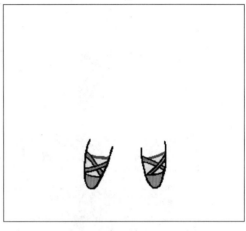

图10—2—6

步骤3 按F8键，单击Load键就可以寻找并打开对应的组合图片；单击Delete键将删除当前对应的组合图片；取消Light Table前的复选框将隐藏当前对应的组合图片；在Opacity中输入数值将调整当前图片的百分比（见图10—2—7）。

图10—2—7

组合对应的图片之后，即可以把腿部剩下的阴影完成。

接下来，把母体与其对应的子体（见图10—2—8）合成为一张完整的画面，并完成整体画面的上色工作。

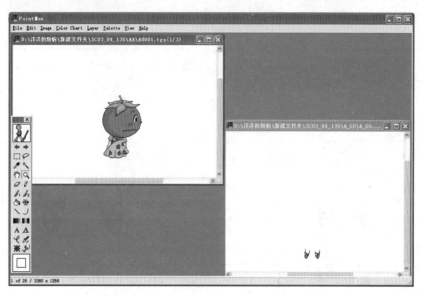

图10—2—8

步骤4　使用快捷键Ctrl+A全选子体A0001，点击快捷键Ctrl+C复制A0001整个画面。

步骤5　进入母体界面，点击快捷键Ctrl+V原位粘贴，并完成腿部的上色工作（见图10—2—9）。

图10—2—9

步骤6 在母体界面中，同样使用快捷键Ctrl+A、Ctrl+C全选复制，进入子体界面，点击快捷键Ctrl+V原位粘贴（见图10—2—10）。

图10—2—10

步骤7 把母体还原至组合完成之后的画面，即完成了整卡的上色工作。即选择母体界面，点击快捷键Ctrl+R，会弹出一个对话框（见图10—2—11），选择"是"，画面返回上次保存的步骤，即组合完毕但并未合成（见图10—2—12）。因为如果着色员在合成过程中出现错误，着色检查（简称"色检"）可以使用还原至组合完成之后的母体重新合成；否则，会浪费很多时间。

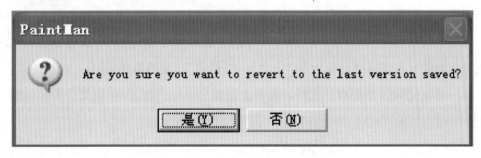

图10—2—11

图10—2—12

提示：此软件除了使用快捷键Ctrl+R可恢复至合成前的步骤，还可使用快捷键Ctrl+Z单步恢复，即画面如果出现错误只能恢复一步，这也是最常用的快捷键。

2.2 卡号的命名

每一家动画公司、每一部动画片的任何一个镜号的卡的名称都有其普遍性和特殊性。如图10—2—13和图10—2—14所示，一般情况下，文件夹名中的大写字母如"SC"是由动画公司根据自己制作作品的名称或习惯来确定的；"03"代表现在这一卡是本部动画片的第3集；"_"（下划线）既起到连接的作用，又可以让大家清楚符号的前后数字或字母有所不同；"160"是指第3集的第160镜号，也就是第160卡。一般在完成线条的修补之后，需要上色员另保存一份，并在原文件夹名后加一个小写或大写的"t"，即为线稿。

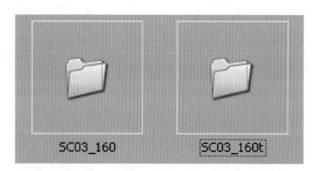

图10—2—13

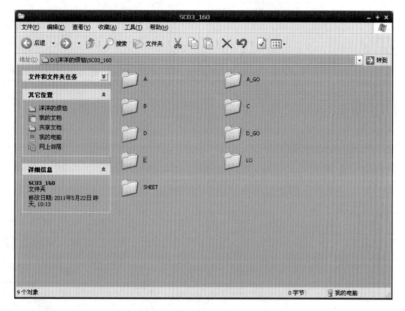

图10—2—14

线稿的用途是：如果上色员的工作出现大面积的错误，要求完成工作的时间又所剩不多，可以把线稿直接上色。

《小怪兽》上色

3.1 批量处理线条并修补

如果画面较满，杂点较多，可以采用换色的方法批量清除杂点。

步骤1 按F6键，在对应的浮动面板中找到较亮的颜色（通常上色员会直接点击数字键6），然后使用油漆桶工具（F键）把每一层所有画面中所有有用的线条换色。图10—3—1为SC03_160的A层换色的效果对比。

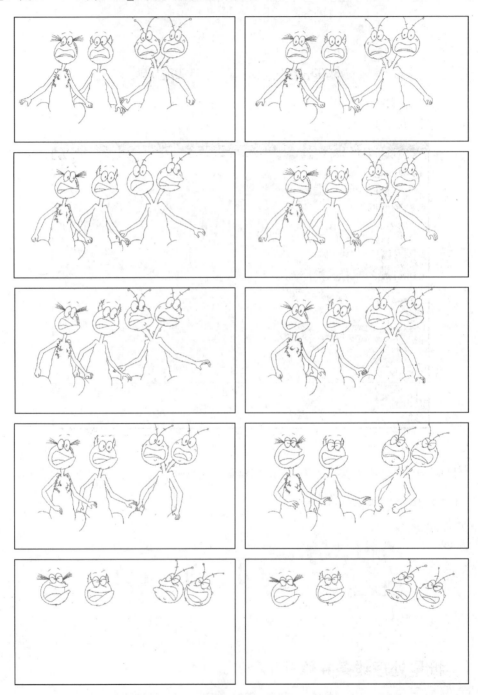

图10—3—1

步骤2 线条修补完成之后进行上色、合成，接下来是检查工作。按F10键，打开对应的浮动面板（见图10—3—2），使用吸管工具吸取画面中的主线色，并导入图10—3—2中对应的被黑色填充的位置。最后，单击All把A层所有的主线色变为空白色，亮色变为主线色。换色完毕即可以继续修补线条。

3.2 批量去除颜色层中多余的红、蓝、绿三色杂点

按照任务1和任务2中的讲解，把A层及A层母体上色完毕，开始清除杂点的时候，一样可以使用如图10—3—2所示的浮动面板工具把红、蓝、绿三种颜色导入对应的位置，单击All批量转换成空白色（见图10—3—3）。

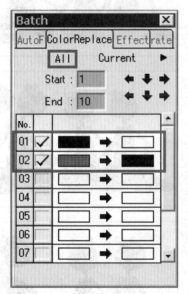
图10—3—2

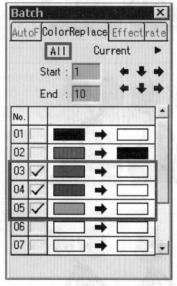
图10—3—3

3.3 补洞

杂点清除完毕，在画面角色中会出现很多空白点，不容易100%填补。点击快捷键Ctrl+B，画面有颜色的地方会变为黑色。空白点就很容易看出来。这时候缩小画面，看起来就像是剪影图片（见图10—3—4）。

图10—3—4

　　补洞完毕，仔细、反复地浏览每张图片，检查画面有无跳色、错色、少线和多线（见图10—3—5）。

图10—3—5

　　在动画片中还会出现除角色动作以外的画面，如自然现象。自然现象的上色相对简单，但也有其特殊性，即外缘线条分出了阴暗面，如接下来的C层画面（见图

10—3—6）。

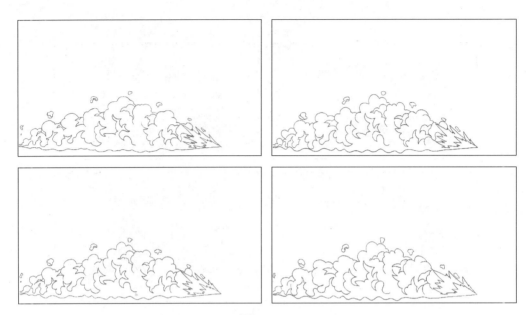

图10—3—6

对于这种全色线的画面，一样要把主线层、颜色层的杂点清除。上色时要参考原画指定（色指定）和色鉴本，还要通过多思考、多观察来确定阴影的正确位置，这样才能够尽量减少出现错色和跳色的情况。

一般这种全色线的外缘线条在色鉴本中被标为"T"，画面中的颜色被标为"P"（见图10—3—7）。

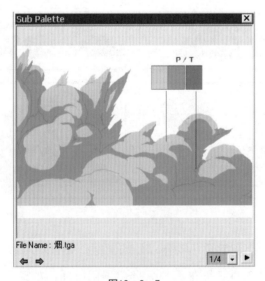

图10—3—7

上色时要清楚光线的方向，有时候动画片中阴影的位置可能会和现实生活中的情况有所出入。因此，只有熟悉当前动画片的风格，才能更好地把握色块的区分。

正确地完成C层上色后的效果如图10—3—8所示。

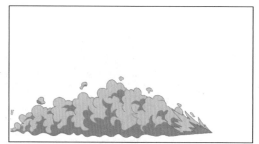

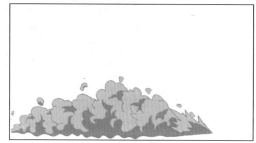

图10—3—8

红线在动画中有多种用途，如高光、封线、边线、辅助线……有的动画片中人物跑步的时候，画面上会出现很多腿以表示速度非常快，这时也会加些辅助线辅助画面表达意思（见图10—3—9）。这是本卡中的D层，需要和D层母体合成使画面完整，其中的红线就起到辅助画面表达意思的作用。

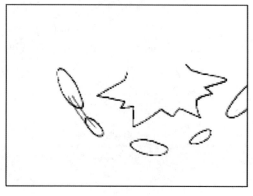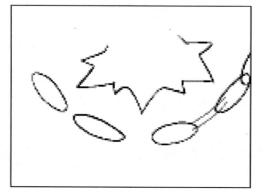

图10—3—9

当然此红线也是有指定颜色的，在上色、合成并检查完毕之后，画面效果如图
10—3—10所示。

图10—3—10

此卡其他层的做法同上。有的画面完成之后，看起来还是像少了什么，如图10—3—10中的角色没有嘴。因为为了减少重复工作，动画制作者会尽量把重复的动作分到同一层，在后期合成的时候才会把所有层面和背景组合在统一的位面中。

动画上色工作和动画制作其他阶段一样要求非常严格，在制作过程中，动画制作者会感到枯燥乏味，希望大家在学习的过程中不要过于机械，要多加思考。

 拓展练习

1. 如果绘制一段风格性较强的动画艺术短片，思考该如何在上色过程中选择颜色和线条。

2. 练习绘制一组镜头并上色。

项目11
CoreRETAS HD
合成

 项目概述

　　本项目主要讲解CoreRETAS HD模块合成功能的运用，将上文3个模块中完成的一组镜头或单独镜头在该模块中进行最后的合成，并输出成播放影片。

 实训目标

学习CoreRETAS HD模块的基本功能，合成一个镜头。

 项目课时

14课时。

 重点难点

重点是对一个镜头和多个镜头的合成，难点是在镜头合成中适当加入特效。

实训过程

任务 1 《雨中的黑猫》合成前准备工作

讲解这部分之前，需要先熟悉项目7任务5的内容，了解CoreRETAS HD的界面及功能。

接下来进行一个镜头的合成：

步骤1 选择File>New>X-sheet，或者使用快捷键Ctrl+N新建律表。

步骤2 在弹出的窗口中设置新建律表的各种数值，我们可以根据自身要求来选择律表镜头名称、律表总长度、分几层、镜头格式及分辨率等。设置好后，点击OK（见图11—1—1）。新建好的律表如图11—1—2所示。

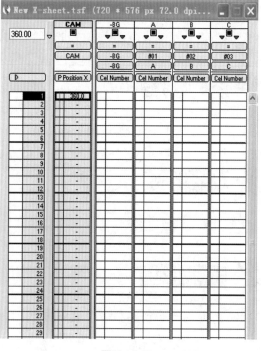

图11—1—1　　　　　　　　　　　　　　　图11—1—2

步骤3　把舞台和文件导入窗口打开，可以按快捷键来实现这些窗口的显示：按F4键可打开舞台窗口（见图11—1—3），按F7键可打开层管理窗口（见图11—1—4），按F8键可打开层设置窗口（见图11—1—5），按F9键可打开中间调解窗口（见图11—1—6），等等。

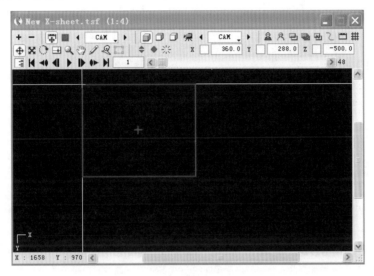

图11—1—3

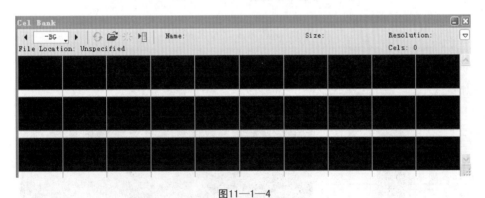

图11—1—4

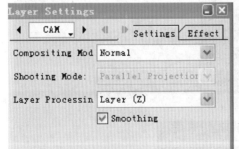

图11—1—5　　　　　　　　　　　　　图11—1—6

步骤4 导入需要合成的镜头、背景、原动画等。先从背景导入开始，在层管理窗口中选择🖼，点击打开，结果如图11—1—7所示。背景导入成功后的结果如图11—1—8所示。

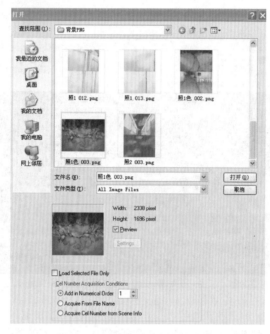

图11—1—7

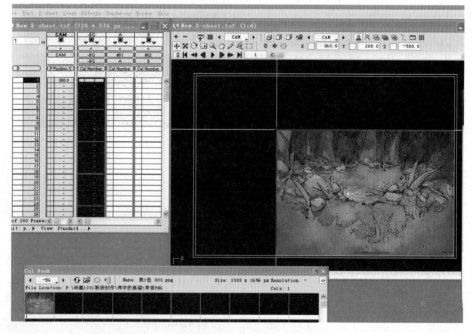

图11—1—8

步骤5　按照上述方法依次进行原动画的导入。A层导入后如图11—1—9所示。

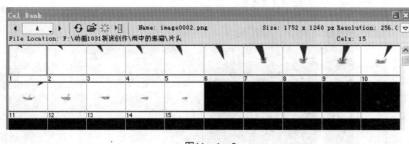

图11—1—9

任务2 《雨中的黑猫》单个镜头合成

步骤1　点击-BG层，在律表窗口输入数字"1"（见图11—2—1），按Enter键，舞台窗口显示背景层已经出现（见图11—2—2）。

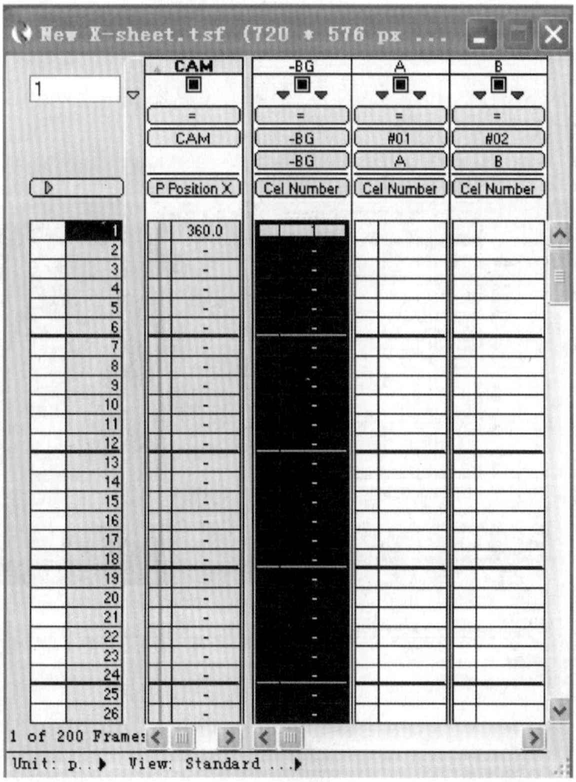

图11—2—1

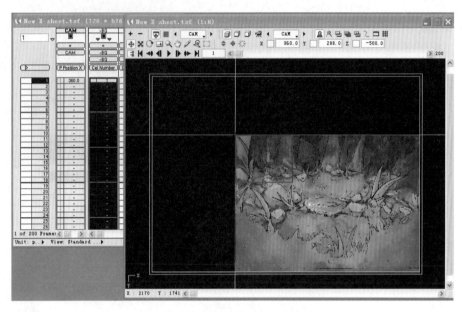

图11—2—2

步骤2 因为这个镜头只有一个背景，所以要把背景延续下去，点击-BG层上的"1"向下拖动，然后按Enter键。操作前后的律表分别如图11—2—3和图11—2—4所示。

步骤3 以此类推，输入原动画层的律表。律表可以参照STYLOS HD模块的方式填写（见图11—2—5）。

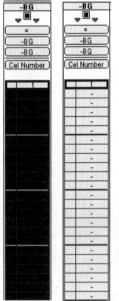

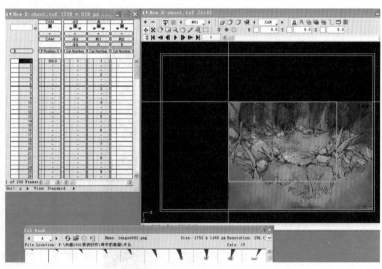

图11—2—3 图11—2—4

图11—2—5

任务*3* 《雨中的黑猫》单个镜头合成后输出

步骤1 选择镜头拍摄区域，从中选择需要调节的层 ◂ #01 ▸ ，利用镜头缩放、移动、旋转等工具 进行调节。确认镜头中角色与背景的大小比例关系，如图11—3—1所示（红色框为摄影机镜头）。

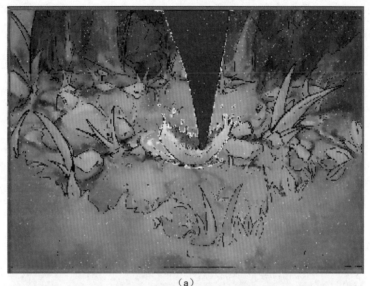

（a）

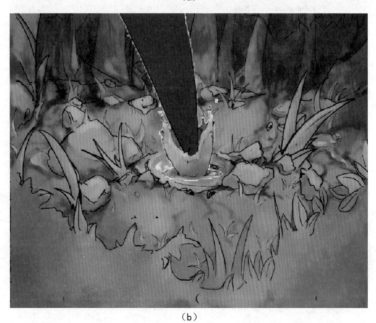

（b）

图11—3—1

如果镜头需要进行关键帧  及其他特效处理，则需要在律表中利用 ✛✖↻⊡🔍✋✎🔍▭ ┃ ✦❖❈ 等工具来设置。

提示： 不管是进行关键帧设置还是镜头的推拉摇移等镜头运动设置，设置前都要把镜头放在第1帧上进行，防止出现镜头关键帧上的混乱。

步骤2 选择Flie>Export，或者使用快捷键Ctrl+E进行输出。如图11—3—2所示，我们可以选择输出格式（PNG、AVI、QuickTime、Flash），设置影片格式的大小，还可以选择输出保存的位置等。只要点击Export，该镜头就开始输出了，如图11—3—3所示。

图11—3—2

图11—3—3

输出完成后的结果如图11—3—4、图11—3—5和图11—3—6所示。

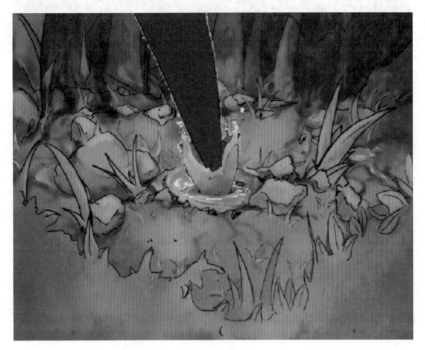

图11—3—4

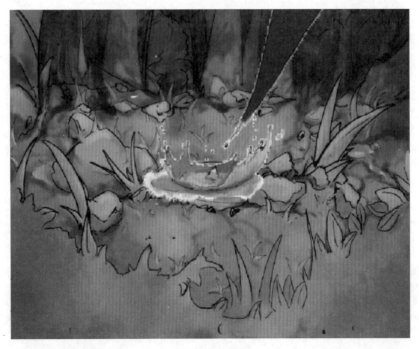

图11—3—5

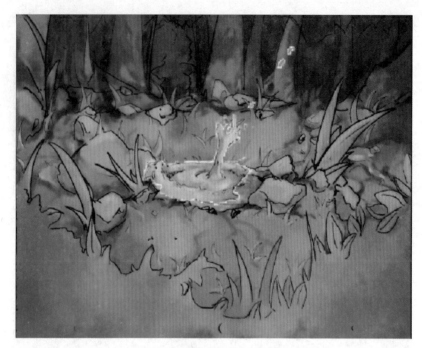

图11—3—6

 拓展练习

    根据本课程所学，运用软件创作一个持续5秒以上的动画短片。要求有一定的剧情，动作流畅，风格统一，最好配有背景音乐。

图书在版编目（CIP）数据

无纸动画实训 /项建华主编 . —北京：中国人民大学出版社，2012.11
ISBN 978-7-300-16516-5

Ⅰ．①无… Ⅱ.①项… Ⅲ. ①计算机动画-教材 Ⅳ. ①TP391.41

中国版本图书馆 CIP 数据核字（2012）第 238708 号

21 世纪高等院校动画专业实训教材

无纸动画实训
主 编 项建华
副主编 李 峰 肖 扬 王 乾
Wuzhi Donghua Shixun

出版发行	中国人民大学出版社	
社 址	北京中关村大街 31 号	邮政编码 100080
电 话	010 - 62511242（总编室）	010 - 62511398（质管部）
	010 - 82501766（邮购部）	010 - 62514148（门市部）
	010 - 62515195（发行公司）	010 - 62515275（盗版举报）
网 址	http://www.crup.com.cn	
	http://www.ttrnet.com（人大教研网）	
经 销	新华书店	
印 刷	北京宏伟双华印刷有限公司	
规 格	185 mm×260 mm 16 开本	版 次 2012 年 11 月第 1 版
印 张	13.75	印 次 2012 年 11 月第 1 次印刷
字 数	218 000	定 价 55.00 元

中国人民大学出版社华东分社
信息反馈表

尊敬的老师，您好！

为了更好地为您的教学、科研服务，我们希望通过这张反馈表来获取您更多的建议和意见，以进一步完善我们的工作。

请您填好下表后以电子邮件、信件或传真的形式反馈给我们，十分感谢！

一、您使用的我社教材情况

您使用的我社教材名称			
您所讲授的课程		学生人数	
您希望获得哪些相关教学资源			
您对本书有哪些建议			

二、您目前使用的教材及计划编写的教材

	书名	作者	出版社
您目前使用的教材			
	书名	预计交稿时间	本校开课学生数量
您计划编写的教材			

三、请留下您的联系方式，以便我们为您赠送样书（限1本）

您的通讯地址			
您的姓名		联系电话	
电子邮件（必填）			

我们的联系方式：

地　　址：苏州工业园区仁爱路158号中国人民大学国际学院修远楼

电　　话：0512-68839319　　　　　　传　　真：0512-68839316

E-mail：huadong@crup.com.cn　　　　邮　　编：215123

微　　博：http://weibo.com/cruphd　　　QQ（华东分社教研服务群）：34573529

信息反馈表下载地址：http://www.crup.com.cn/hdfs